Fawzy Mahmoud Salama
Monier Mohamed Abd El-Ghani
Mohamed Ahmed Gadallah

Diversidade e FGs da vegetação no deserto oriental do Egito

Fawzy Mahmoud Salama
Monier Mohamed Abd El-Ghani
Mohamed Ahmed Gadallah

Diversidade e FGs da vegetação no deserto oriental do Egito

ScienciaScripts

Imprint

Any brand names and product names mentioned in this book are subject to trademark, brand or patent protection and are trademarks or registered trademarks of their respective holders. The use of brand names, product names, common names, trade names, product descriptions etc. even without a particular marking in this work is in no way to be construed to mean that such names may be regarded as unrestricted in respect of trademark and brand protection legislation and could thus be used by anyone.

Cover image: www.ingimage.com

This book is a translation from the original published under ISBN 978-3-659-86441-4.

Publisher:
Sciencia Scripts
is a trademark of
Dodo Books Indian Ocean Ltd. and OmniScriptum S.R.L publishing group

120 High Road, East Finchley, London, N2 9ED, United Kingdom
Str. Armeneasca 28/1, office 1, Chisinau MD-2012, Republic of Moldova, Europe
Managing Directors: Ieva Konstantinova, Victoria Ursu
info@omniscriptum.com

Printed at: see last page
ISBN: 978-620-8-52904-8

Conteúdo

Introdução

As terras áridas são zonas ecológicas distintas que requerem mapas de vegetação para gestão e monitorização **(Shupe e Marsh, 2004)**. As zonas áridas e semi-áridas constituem quase mais de um terço da superfície terrestre mundial. Estas zonas são consideradas de especial importância em vários países em desenvolvimento devido às exigências de um rápido desenvolvimento dos recursos. Esta vasta gama reflecte várias definições baseadas nas condições climáticas, nos tipos de vegetação ou no potencial de produção alimentar. A maior parte destas terras situa-se entre as latitudes 15°-30°N.

O deserto egípcio é uma das regiões mais áridas do mundo. A precipitação não ultrapassa os 10 mm/ano na maior parte do país. A precipitação mais elevada é a que se regista ao longo da costa mediterrânica, com uma média de 150 mm/ano. Esta quantidade diminui rapidamente à medida que se avança para sul, até atingir 30 mm no Cairo. Mais para sul, a precipitação diminui, atingindo 3 mm ou mesmo menos.

O deserto oriental do Egito ocupa a área que se estende do vale do Nilo para leste até ao Golfo do Suez e ao Mar Vermelho, com cerca de 223000 km^2, ou seja, 21% da área total do Egito. É constituído essencialmente por montanhas altas e escarpadas que correm paralelamente à costa e a uma distância relativamente curta desta.

O deserto oriental é caracterizado por duas unidades ecológicas principais: a zona costeira do Mar Vermelho e o deserto interior. A zona costeira do Mar Vermelho no Egito estende-se do Suez a Mersa Halaib, na fronteira entre o Sudão e o Egito. As terras adjacentes ao Mar Vermelho são geralmente montanhosas, ladeadas a oeste pela cadeia de montanhas costeiras. A parte interior do deserto oriental situa-se entre a faixa costeira do Mar Vermelho, a leste , e o vale do Nilo, a oeste **(Hassib, 1951)**. É um planalto rochoso dissecado por uma série de wadis. Cada wadi tem um canal principal com numerosos afluentes.

Desde o início do século passado, diferentes aspectos ecológicos e a vegetação do deserto oriental foram estudados por diversos académicos, incluindo **Schweinfurth (1901), Kassas (1953a & b), Kassas e Girgis (1964-1972), Salama e Fayed (1989 e 1990), Salama e El-Naggar (1991), Hassan (2003), Salama *et al.* (2012), Salama *et al.* (2013), Sayed *et al.* (2013) e Abd El-Ghani *et al.* (2013a).**

Na última década, a maior parte das regiões fitogeográficas do Egito foi afetada por actividades humanas, incluindo o cultivo da parte deltaica dos wadis, a recolha intensiva de espécies vegetais pelos seus valores (medicinais, combustíveis, fibras, etc.), o estabelecimento de novas cidades e auto-estradas, a construção de fábricas e pedreiras. Estas actividades afectam a flora natural e alteram a distribuição das plantas nestas zonas. Isto significa grandes mudanças na distribuição, riqueza de espécies e extinção da flora do Deserto Oriental.

A investigação sinecológica moderna tem preferido uma metodologia mais objetiva para utilização à escala local e, por vezes, regional, procurando reduzir a complexidade de um conjunto de dados de campo, quer através da classificação e/ou ordenação de dados florísticos, relacionando depois os resultados com dados ambientais, quer derivando relações entre vegetação e habitat a partir de uma única análise de um conjunto combinado de variáveis florísticas e ambientais **(Ter Braak, 1987a)**. Estas abordagens mais objectivas raramente foram aplicadas à vegetação egípcia, embora as primeiras excepções incluam **Ayyad (1973) e Ayyad e Ammar (1974)**, enquanto exemplos recentes incluem **Zahran *et al.* (1990) e Springuel *et al.* (1997)**. Houve grandes avanços nas técnicas numéricas na última década e o objetivo aqui é examinar o seu potencial para resumir a vegetação do deserto egípcio em relação a factores importantes do habitat. São utilizadas quatro áreas desérticas contrastantes (transectos) e cada uma delas é resumida por ordenação indireta, seguida de interpretação integrada **(Dargie, 1984)** para ligar as tendências de habitat em amostras com espécies significativamente relacionadas com essas tendências **(Dargie e El-Demerdash, 1991).**

Uma abordagem para lidar com a complexidade da vegetação do deserto é a análise funcional. As espécies vegetais podem ser classificadas em grupos funcionais com base numa variedade de caraterísticas. Os grupos funcionais foram definidos como conjuntos de espécies que apresentam respostas semelhantes ao ambiente ou efeitos semelhantes nos principais processos ecosistémicos **(Gitay e Nobel, 1997)**. Cada grupo funcional pode dividir o gradiente ambiental de forma diferente **(Smith e Huston, 1989; Austin, 1990; Dale, 1998** e **Lyon e Sagers, 2002)**.

Muitos ecologistas concordam que a estrutura complexa da comunidade pode ser simplificada através da categorização das espécies em grupos funcionais de plantas **(PFGs)** com base em conjuntos de caraterísticas correlacionadas **(Lavorel *et al.*, 1997; Dyer *et al.*, 2001)**.

Há uma longa história na ecologia de desenvolvimento de metodologias de grupos funcionais como um sistema dedutivo para a previsão das respostas das espécies e da vegetação a uma série de perturbações. Os tipos funcionais podem englobar as espécies com uma estratégia de vida comum, partilhando alguns conjuntos de caracteres que lhes permitem ter sucesso num ecossistema.

As abordagens baseadas na **riqueza de espécies**, por um lado, e nos **traços e tipos funcionais**, por outro, têm sido extremamente produtivas **(Diaz e Cabido, 2001)**, mas têm sido raras as tentativas de relacionar os seus resultados. A fertilização cruzada entre estas duas abordagens é uma forma promissora de obter uma visão mecanicista das ligações entre a diversidade vegetal e os processos do ecossistema e de contribuir para uma gestão prática da conservação da diversidade e dos serviços do ecossistema **(Diaz e Cabido, 2001)**.

No entanto, falta informação sobre as respostas diferenciais das diferentes camadas de vegetação aos gradientes ambientais no deserto oriental do Egito. Assim, os objectivos deste estudo são (1) avaliar o papel dos grupos funcionais de espécies nas comunidades do deserto, (2) determinar se diferentes grupos funcionais exibem respostas diferentes ao mesmo grupo de variáveis ambientais, e (3) determinar os padrões de diversidade de espécies em diferentes grupos funcionais. À luz das considerações acima referidas, o presente trabalho foi planeado. As investigações incluem o seguinte

1. Estudar a composição florística da área de estudo através de visitas de campo sazonais ao longo de quatro transectos (estrada Qena-Safaga, estrada Idfu-Marsa Alam,

Aswan-Kharit-Gimal e costa do Mar Vermelho) para reconhecer o estado atual da flora.

2. Identificar os tipos de habitat e as comunidades vegetais associadas.

3. Determinação dos padrões de distribuição espacial das espécies registadas em termos de grupos funcionais de plantas.

4. Identificação dos sintagmas das comunidades vegetais dominadas através de um estudo fitossociológico pormenorizado.

5. Analisar a diversidade da vegetação e das espécies em relação às condições ambientais prevalecentes, utilizando técnicas multivariadas.

6. Identificação e descrição de uma potencial área natural que, devido à sua localização e/ou composição de espécies, se pensa ter um valor florístico (hot spot florístico).

Revisão da literatura

As terras áridas encontram-se numa vasta gama de latitudes e estão sob a influência de quase todos os principais cinturões de vento e pressão. A aridez afecta as relações entre a água naturalmente disponível e a sua exploração pelas plantas e pelo homem **(Zahran, 1989)**.

Os desertos do Egito

No Egito, tal como nas outras terras áridas, a vegetação do deserto é caracterizada pela abertura e é composta por um quadro permanente de plantas perenes, cujos espaços intermédios podem ser ocupados por plantas efémeras e a sua duração depende da irregularidade das chuvas. A vegetação está sujeita a variações sazonais no seu aspeto, nomeadamente em anos de chuva. Estas variações são coincidentes com a deriva sazonal dos factores atmosféricos. A modificação do coberto vegetal ocorre em coincidência com a modificação da espessura do solo.

O deserto oriental

De acordo com **Zahran e Willis (2009),** a parte interior do deserto oriental do Egito pode ser dividida em quatro regiões geomorfológicas e ecológicas principais, de norte a sul: (1) deserto do Cairo-Suez, (2) deserto de calcário, (3) deserto de arenito e (4) deserto da Núbia. Do ponto de vista fitogeográfico, **El-Hadidi (1980)** dividiu o deserto oriental do Egito em dois subterritórios principais: (A) Deserto de Galalah, incluindo Cairo-Suez e o planalto calcário do norte (*c.* latitude 27° N), e (B) Deserto da Arábia , incluindo o planalto calcário do sul e o arenito da Núbia.

A dissecação do deserto oriental por densas redes de wadis indica que o Egito deve ter assistido a alguns períodos de pluviosidade. A cordilheira das montanhas costeiras do Mar Vermelho divide o deserto oriental em duas unidades ecológicas principais: a terra costeira do Mar Vermelho e o deserto interior **(Zahran e Willis, 2009)**.

A natureza dos wadis

O termo wadi designa o leito seco de um rio numa zona desértica e representa um dos principais ecossistemas do deserto. É o caso extremo dos hidrossistemas definidos por **Roux *et al.* (1982)** como ecossistemas aquáticos e terrestres associados a um rio e influenciados pelas suas cheias. Com um pouco mais de água do que o deserto circundante, os wadis constituem um refúgio para as plantas **(Hillel e Tadmor, 1962; Ayyad e Ghabbour, 1986)**. Um wadi pode transformar-se num curso de água temporário após uma chuva intensa. Cada wadi tem um canal principal e afluentes ou tributários ramificados. O abastecimento de água do vale é várias vezes superior à precipitação registada.

Os wadis no Egito são muito mais abundantes no Deserto Oriental do que no Deserto Ocidental. Os wadis são comuns no Deserto Oriental, situado entre o Nilo e o Mar Vermelho. Este terreno é uma terra alta dissecada por numerosos wadis que correm para leste até ao Mar Vermelho ou para oeste até ao vale do Nilo **(El-Khatib, 1993)**. Num wadi típico, a vegetação está sujeita a mudanças sazonais resultantes de diferenças na forma de crescimento das espécies componentes e da sazonalidade do clima.

Kassas e Imam (1954) afirmam que "o termo wadi designa o leito seco de um rio num deserto. O habitat do wadi tem caraterísticas distintas, incluindo um coberto vegetal caraterístico. Tem o grande mérito de ser um sistema de drenagem que recolhe água de uma extensa área de captação. O abastecimento de água de um wadi parece ser muito maior do que a precipitação registada.

Vários habitats podem ser identificados num wadi **(Kassas e Imam, 1954; Abdel-Rahman e Batanouny, 1965)**: canais, barras, margens, terraços... etc. Estes habitats não se mantêm constantes durante as cheias e os seus recursos hídricos podem variar de habitat para habitat. A textura do sedimento, as caraterísticas do escoamento e da inundação são alguns dos factores que determinam a granulometria superficial. O habitat wadi tem as suas caraterísticas peculiares, incluindo um coberto vegetal caraterístico.

Nos wadis do deserto costeiro, **Hassib (1951)** afirmou que "todo o ribeiro tem cerca de 300 m de largura e 1-2,5 m de profundidade, correndo continuamente durante 23 dias. Varre a vegetação e, por vezes, homens, gado e estradas. Uma certa quantidade de água percola no solo, formando lençóis freáticos que são utilizados por numerosos poços afundados no seu curso". Esta citação mostra que as reservas de água dos wadis são imensas e explica, assim, a riqueza atual ou potencial da vegetação dos wadis. Esta vantagem é contrabalançada por dois factores de destruição: a torrente e o pastoreio. A parte central do leito de um wadi, que é o curso de água, é geralmente desprovida de plantas, estando a vegetação maioritariamente restrita aos lados. Em qualquer curva de um meandro de wadi, a cobertura vegetal é muito escassa na curva exterior, onde o efeito da torrente é maior, e bem desenvolvida na curva interior. A influência das torrentes é em parte mecânica, destruindo e arrancando as plantas, e em parte erosiva, removendo o solo **(Zahran e Willis, 2009)**.

Caraterísticas do solo dos Wadis do Deserto Oriental

O pavimento dos desertos é uma caraterística distintiva que se estende por todas as terras áridas do mundo **(Wood *et al.*, 2005)**. A composição mecânica do solo afecta a distribuição da vegetação nas terras áridas **(Xu *et al.*, 2006)**. Os processos distintos de meteorização e erosão induzidos pelas condições áridas resultaram numa certa uniformidade das paisagens desérticas em todo o mundo. Apesar dos graves défices de humidade, a água é um importante agente geomorfológico nestas regiões.

De um modo geral, o deserto oriental é composto pelos seguintes tipos de solo: material aluvial macio, que é o tipo de solo mais comum nos wadis estreitos e profundos, solo arenoso, solo salgado e cascalho ou seixos (**Hassib, 1951**). Estes tipos de solo estão amplamente distribuídos e são produto da meteorização do arenito da Núbia. Este solo consiste principalmente em partículas soltas de quartzo misturadas com outros minerais. O teor de matéria orgânica neste tipo de solo arenoso seco e solto é muito baixo. A matéria orgânica, enquanto material coloidal, desempenha um papel importante na conservação da humidade nas camadas do solo, proporcionando uma boa alteração da vegetação natural e da plantação e controlando a distribuição das espécies vegetais **(Abd**

El-Ghani e Amer, 2003)

A quantidade de humidade disponível no solo afecta fortemente tanto o tipo de vegetação como a abundância desta forma de vegetação. Por isso, cada um dos canais, afluentes e canais principais dos wadis diferem uns dos outros na sua cobertura vegetal **(Kassas e Zahran, 1962)**. A profundidade do solo também tem efeitos fundamentais no regime de humidade e no tipo de vegetação. A presença de uma camada permanentemente húmida em sedimentos profundos foi demonstrada por **Migahid e Abdel-Rahman (1953)**. **Shreve (1951)** ilustrou que a textura física do solo, a sua profundidade e a natureza da sua superfície são igualmente importantes.

Os leitos dos wadis são cobertos por depósitos aluviais de textura muito arenosa. Há, no entanto, alguma variação na textura ao longo do perfil devido à colocação de camadas sucessivas de depósitos de enchimento de wadi. As propriedades físicas e químicas destes depósitos variam tanto entre wadis como dentro de um wadi, dependendo da geologia das rochas circundantes e da topografia **(Springuel *et a1.*, 1986)**. Têm uma textura muito arenosa, um teor muito baixo de matéria orgânica e uma capacidade muito fraca de reter catiões nutrientes numa forma disponível para utilização pelas plantas. Os catiões de macronutrientes, tais como Ca, Mg, K e Na, podem estar presentes como sais que se acumularam devido às condições áridas **(Badri *et al.*, 1996)**.

Estudos de vegetação e ecológicos nos desertos orientais do Egito

Cerca de metade das cerca de 3000 espécies registadas nas zonas áridas do Norte de África encontram-se no Saara **(Le Houerou, 1986)**. Em toda esta região, as plantas anuais fornecem uma variedade adicional à vegetação. Representam 46% das 755 espécies registadas na flora do Egito **(McGinnies, 1968)**.

Do ponto de vista climático, o Egito pode ser organizado em 3 faixas principais: (1) a faixa semi-árida que ocupa a estreita área costeira ao longo do norte do Mar Mediterrâneo (Lat. 33°N) que se estende entre Sallum e Rafah, (2) a faixa árida que ocupa a área entre a faixa semi-árida para sul até às latitudes do Cairo (Lat. 30°N) e (3), a faixa extremamente árida que ocupa toda a área do Alto Egito entre Lat.30°N e Lat. 22°N **(Zahran *et al.*, 1985).**

No Egito, a vegetação do deserto é, de longe, o tipo mais importante e caraterístico de vida vegetal natural. Cobre cerca de 95% da área total do país e é constituída principalmente por arbustos e subarbustos xerofíticos **(Abd El-Ghani *et al.*, 2003)**. **Monod (1954)** reconheceu dois tipos de vegetação desértica, nomeadamente a contraída e a difusa. Ambos os tipos referem-se a vegetação permanente que pode ser acompanhada de plantas efémeras (ou anuais). No Egito, como na maioria das terras áridas, a vegetação do deserto é caracterizada pela abertura e é composta por uma estrutura permanente de plantas perenes, cujos espaços intermédios podem ser ocupados por plantas efémeras e a sua duração depende da irregularidade da precipitação **(El-Khatib, 1993)**. A sobrevivência das plantas do deserto depende da sua capacidade de manter um equilíbrio favorável entre a absorção e a perda de água em condições de seca climática e atmosférica grave (**Kassas e Batanouny, 1984**).

De acordo com **Kassas e Girgis (1970) e Noy-Meir (1973)**, a vida vegetal no deserto oriental do Egito está confinada aos wadis (rios secos do deserto). A parte central de um leito de wadi, que é o curso de água, é normalmente desprovida de cobertura vegetal; a vegetação restringe-se aos lados. Em qualquer curva de um meandro de wadi, a cobertura vegetal é muito escassa na curva exterior, onde o efeito de torrente é maior, e bem desenvolvida na curva interior.

A influência das torrentes é em parte mecânica, destruindo e arrancando as plantas, e em parte erosiva, removendo o solo. Dado que contêm uma vegetação mais rica do que outros tipos de habitat desértico e que são facilmente acessíveis aos beduínos e aos seus animais domésticos, os wadis estão sujeitos a um pastoreio intenso e o efeito do pastoreio manifesta-se em todo o lado. As espécies mais comuns são as menos pastadas. Muitas espécies adquirem uma forma de crescimento em forma de almofada ou aparada pelo pastoreio, que não apresentam se estiverem protegidas. O efeito de corte e de corte de madeira é especialmente acentuado nas plantas lenhosas que são valiosas para combustível **(Zahran e Willis, 2009)**.

Foram efectuados muitos estudos fitossociológicos no deserto oriental **(Kassas e Imam, 1959; Kassas e El- Abyad, 1962 e Kassas e Girgis, 1964 - 1965 e 1972)**. Também a correlação de solos e vegetação foi a direção do trabalho nas regiões áridas do Médio Oriente por muitos autores, por exemplo, **Hillel e Tadmor (1962)**, **Kassas e Girgis (1965)**, **Olsvig-Whittaker *et al.* (1983)**, **Stahr *et al.* (1985)**, **Abd El-Ghani (1997, 1998 e 2000)**, **Abd El-Ghani *et al.* (2013 a e b)** e **Salama *et al.* (2005, 2012 e 2013)**. Estas investigações incluem grandes áreas e, por conseguinte, registaram gradientes marcantes referentes às condições do solo e da vegetação.

A vegetação do wadi Gimal e do wadi El-Miyah foi estudada por **El- Sharkawi *et al.* (1982 a & b)**. Os resultados mostraram que o fator água era o fator ecológico mais crítico na determinação do tipo de vegetação e da sua riqueza.

Kassas (1966 e 1971) acrescentou um tipo de vegetação denominado "vegetação acidental", onde a precipitação é tão baixa e cai tão irregularmente que não existe vegetação permanente. Esta vegetação ocorre principalmente sob a forma de manchas contraídas em canais, depressões pouco profundas, buracos, wadis e em dunas antigas com areia grossa. A vegetação acidental é constituída por espécies capazes de realizar um ciclo de vida anual: potenciais anuais **(Haines, 1951)** ou potenciais perenes **(Bornkamm, 1987)**, mas que podem igualmente continuar a crescer enquanto a água persistir no solo.

Springuel *et al.* (1997) classificaram a vegetação acidental no sudeste do Egito em três grupos: (i) vegetação dependente do escoamento superficial nos principais canais de wadi; (ii) vegetação dependente do escoamento superficial da formação de playa; e (iii) vegetação dependente da chuva em planícies niveladas de lençóis de areia.

Num wadi desértico, no Egito, as alterações na topografia levam à diferenciação de vários microhabitats. Embora estes micro-habitats estejam separados por poucos metros, variam no que respeita às propriedades do solo **(Batanouny, 1973)**. Os microhabitats com solos mais profundos suportam uma vegetação mais densa. É notável que uma ligeira descida de alguns centímetros no nível do solo abaixo do nível da área circundante leva a uma mudança notável no tipo de espécies e na cobertura vegetal **(Batanouny, 1973; Batanouny e Hilli, 1973)**. A penetrabilidade do solo também é eficaz na distribuição das plantas **(Batanouny e Zaki, 1969** e **1974)**.

A variação da penetrabilidade e da profundidade do solo afecta a distribuição das comunidades vegetais, bem como o crescimento das plantas e a penetração e o hábito das raízes. As bolsas de solo em habitats de montanhas desérticas são extremamente importantes, pois oferecem um ponto de apoio para as plântulas, normalmente têm mais água disponível para as plantas e, assim, proporcionam um habitat favorável ao crescimento das plantas num ambiente árido **(Batanouny e Zaki, 1974)**.

Os critérios mais importantes para compreender a composição florística de uma comunidade à escala regional são as caraterísticas climáticas **(Ozenda, 1991)**, o substrato geológico **(Zahran e Willis, 2009)** e a origem dos taxa **(Shmida, 1985)**. O pastoreio de gado e o corte de madeira também podem influenciar a vegetação num corredor de wadi **(Zahran e Willis, 2009)**.

Foram reconhecidas três comunidades vegetais altamente relacionadas com as caraterísticas edáficas no wadi Kharit **(El-Sharkawi *et al.*, 1987)**. **El-Sharkawi *et al.* (1988)** e **Salama e Fayed (1990)** estudaram o coberto vegetal do wadi Qena e dos seus afluentes, tendo representado duas e quatro comunidades, respetivamente. Além disso, os elementos da aliança Zygophyllaeion coccini estavam bem representados na área considerada em . Além disso, **Salama e Fayed (1989)** forneceram uma descrição ecológica das comunidades vegetais ao longo da estrada Idfu-Marsa Alam. O levantamento da vegetação indicou a prevalência de plantas perenes.

No sistema de wadi a oeste da província de Qusseir foram reconhecidos dois tipos de comunidades: *Capparis decidua* e *Tamarix nilotica* que cobrem as zonas deltaicas e as partes finais dos wadis. Alguns membros destas comunidades eram plantas halófitas. O outro tipo de comunidade, dominado por *Pulicaria undulata* e *Pulicaria crispa*, foi encontrado na maioria dos cursos de água **(Salama e El-Naggar, 1991)**.

A relação entre diferentes factores edáficos, como a textura do solo, o pH, a CE e os macronutrientes do solo, e a composição da vegetação e a distribuição das plantas também foi estudada por muitos outros autores que abrangem o deserto oriental egípcio e a costa do Mar Vermelho, como na parte norte do deserto oriental árido interior **(Abd El-Ghani, 1998)**, na parte norte do deserto oriental **(Fossati *et al*, 1998)**, na estrada Katamiya-Ain Sokhna **(El-Adawy, 2001)**, em Wadi Allaqi **(Sheded *et al.*, 2011)**, em Wadi Degla **(Hegazy *et al.*, 2012)**, em Wadi Gimal **(Galal e Fahmy, 2012 e Gomaa, 2012)** e no centro do deserto oriental **(Salama *et al.*, 2013)**.

Por outro lado, a diversidade florística do Parque Nacional de Gebel Elba, no sudeste do Egito, foi estudada por **Abd El-Ghani e Abdel-Khalik (2006)**, que concluíram que o espetro de formas de vida era dominado por terófitos, denotando uma flora típica do deserto árido, enquanto os fanerófitos, chamaéfitos e hemicriptófitos tinham igual importância. Concluíram que o Parque Gebel Elba representa uma continuação da região tropical sudanesa.

Recentemente, **Salama *et al.* (2012)** apresentaram uma descrição mais pormenorizada da composição florística, da corologia e da fenologia na parte deltaica e no tronco principal do Wadi Qena. A análise corológica revelou que os corótipos saharo-árabes e sudano-zambezianos constituem a maior parte (67,2%) da flora total da área estudada.

Sayed *et al* (2013) estudaram os aspectos ecofisiológicos de três plantas do deserto que crescem em Wadi Natash, no deserto oriental, Egito. Os resultados sugerem que o ajustamento osmótico foi a principal adaptação da relação hídrica para fazer face à seca. A acumulação de açúcares solúveis, proteínas solúveis, K^{+} , Cl^{-} e so_4^{-2} em concentrações mais elevadas ajuda frequentemente na manutenção do turgor e contribui para aumentar a tolerância à seca.

Do ponto de vista global, houve muitos trabalhos de autores sobre as composições florísticas, formas de vida e filiações corológicas dos desertos, como na Índia, Brasil, Grécia, Arábia Saudita, África Austral, etc.

Klimes (2003) estudou a clonalidade das plantas vasculares ao longo de um gradiente altitudinal em ELadakh (NW Himalaias), na Índia, ao longo de um dos gradientes altitudinais mais proeminentes do mundo, variando entre 4180 e 6000 m a.s.l. Entre as 404 espécies registadas no total, os hemicriptófitos predominaram fortemente (62,1%), seguidos pelos terófitos (22,3%). As caméfitas representaram 5,4% e as geófitas 4,2%. Os fanerófitos (3,5%) e os hidrófitos (1,7%) são raros. As terófitas foram sub-representadas na maioria dos segmentos altitudinais acima de 4900 m a.s.l. Além disso, as principais classes de formas de vida no Brasil (sítios do Cerrado) foram as hemicriptófitas e as fanerófitas **(Batalha e Martins, 2002)**.

O estudo da flora e do espetro de formas de vida em uma área de floresta caducifólia espinhosa na região semi-árida do nordeste do Brasil revelou que a razão herbácea/lenhosa foi de 1,4. O espetro de formas de vida foi dominado por terófitos (42,9%), fanerófitos (26,3%), seguidos por caméfitos, hemicriptófitos e criptófitos (**da Costa *et al.*, 2007**). Além disso, **Gouvas e Theodoropoulos (2007)** estudaram as formas de vida e os espectros corológicos das unidades de vegetação do Monte Hymettus (Grécia) e revelaram que o predomínio de terófitos se deve à existência de um período de verão seco intenso, que é uma caraterística típica dos climas mediterrânicos. No entanto, os hemicriptófitos dominam nas zonas supra-mediterrânicas e superiores (temperatura média mais baixa do mês mais frio inferior a 0°C).

Al-Sherif *et al.* (2013) fizeram as mesmas observações no seu estudo sobre a composição florística, a forma de vida e a corologia da vida vegetal na região árida de Khulais, na Arábia Saudita Ocidental. Foi identificado um total de 251 espécies de plantas pertencentes a 160 géneros e 50 famílias. As principais famílias de plantas que contribuíram para a formação da vegetação da área em questão foram Poaceae, seguida de Papilonaceae, Euphorbiacea e Asteraceae. As terófitas apresentaram o maior número de espécies (41,2%), seguidas pelas Chamaephytas (31,4%), Hemicriptófitas (13,7%) e Fanerófitas (10%), enquanto a classe de formas de vida menos frequente foi a das Geófitas. As caraterísticas corológicas da flora registada mostraram que os elementos saharo-árabes e sudaneses constituem 43,6% da flora total. O espetro de formas de vida no presente estudo é caraterístico de uma região desértica árida .

Grupos funcionais de plantas

O agrupamento das espécies em grupos funcionais é uma ideia clássica em ecologia **(Lavorel *et al.*, 1997)**. Foi recentemente renovada pelo rastreio intensivo de caraterísticas relacionadas com as principais funções subjacentes à distribuição das espécies e relacionando o funcionamento das espécies com o dos ecossistemas **(Grime *et al.*, 1997; Weiher *et al.*, 1999** e **Chapin *et al.*, 2000)**. Nas últimas duas décadas, foi efectuada uma investigação aprofundada para identificar grupos de plantas com base na associação de caracteres estruturais e funcionais. Surgem vários problemas: que conjunto de caracteres ou traços será utilizado e se os tipos funcionais emergentes representam grupos ecológicos sólidos ou são uma mera construção numérica, dependendo apenas do conjunto de dados original **(Garcia-Novo *et al.*, 2004)**.

A associação entre a presença de certos caracteres e o desempenho ecológico do indivíduo pode ser de natureza múltipla: o mesmo grau de aptidão (registado como sobrevivência, produtividade ou sucesso reprodutivo) pode ser atingido por várias estratégias baseadas numa associação diferente de caracteres. Os grupos de espécies podem assim ser delineados por razões ecológicas. Mas é quase impossível comparar as estratégias das plantas anuais com as das plantas perenes ou das árvores com as plantas pequenas, onde os contrastes vão para além da atribuição de grupos funcionais diferentes **(Garcia-Novo *et al.*, 2004)**.

Uma abordagem para lidar com a complexidade da flora do deserto é a análise funcional. As espécies vegetais podem ser classificadas em grupos funcionais com base numa variedade de caraterísticas. Cada grupo funcional pode dividir o gradiente ambiental de forma diferente **(Smith e Huston, 1989; Austin, 1990; Dale, 1998; Lyon e Sagers, 2002)**. Assim, as alterações espaciais e temporais dos recursos ambientais também afectarão os grupos funcionais **(Zhang e Zhang, 2007)**. A classificação da vegetação desértica nos seus grupos funcionais de plantas foi recentemente utilizada para reconhecer os efeitos ambientais nas plantas do deserto que fornecem uma compreensão mecanicista das respostas das plantas a ambientes áridos **(Navarro *et al.*, 2006)**, fragmentação **(Kolb e Diekmann, 2005, Franks *et al.*, 2009)**, pastoreio **(Kahmen *et al.*, 2002)**, competição de camadas **(Navas e Moreau-Richard, 2005)** e gradientes ambientais **(Zhang e Zhang, 2007)**.

Os traços funcionais das plantas são caraterísticas morfológicas, fisiológicas ou da história de vida que influenciam direta ou indiretamente a aptidão das plantas através dos seus efeitos na sobrevivência, crescimento e reprodução **(Violle *et al.*, 2007)**. O conjunto de valores de caraterísticas de uma espécie resulta de compromissos entre diferentes requisitos funcionais **(Diaz e Cabido, 1997)**. Esse conjunto de valores de caraterísticas pode refletir estratégias que as espécies utilizam para responder ao seu ambiente abiótico e biótico **(Suding *et al.*, 2003)**. As diferenças entre espécies no que respeita a essas estratégias podem permitir a utilização complementar de recursos e, por conseguinte, a coexistência local de várias espécies de plantas numa pequena área **(Silvertown, 2004)**. Consequentemente, as diferenças funcionais entre espécies que competem pelos mesmos recursos principais são um pré-requisito para estratégias complementares de aquisição e utilização de recursos (por exemplo, **Tilman *et al.*, 1997**).

A utilização de formas de crescimento estratificadas verticalmente (estratos de vegetação) como meio de separar grupos funcionais de espécies tem uma base ecológica e fisiológica sólida **(Grime, 1993; Box, 1996)**. No entanto, a informação relativa às respostas diferenciais dos diferentes estratos do deserto aos gradientes ambientais é limitada na literatura. A informação relativa às respostas da diversidade de espécies de grupos funcionais ao gradiente ambiental é limitada **(Kessler, 2001; Austrheim, 2002)**.

As espécies de diferentes grupos funcionais (por exemplo, herbáceas, arbustos, estratos arbóreos) respondem de forma diferente às condições ambientais. Cada grupo funcional tem as suas próprias estratégias de utilização dos recursos e difere em termos de tolerância ambiental **(Feng *et al.*, 2011)**. A distribuição de diferentes GFs tem diferentes capacidades competitivas, mesmo dentro da mesma comunidade **(Jafari *et al.*, 2004)**. Além disso, as interações entre estratos são frequentemente significativas **(Vitt *et al.*, 2009)**.

Grupos funcionais (espécies com papéis ecológicos semelhantes)

Uma forma de lidar com esta grande diversidade consiste em reagrupar as espécies que partilham caraterísticas semelhantes e/ou que utilizam os mesmos recursos. Estes grupos de correlação podem ser designados por grupos funcionais de plantas (PFGs) **(Root, 1967; Walker, 1992; Korner, 1993 e Solbrig, 1993)** ou tipos funcionais de plantas (PFTs) **(Gitay e Nobel, 1997 e Smith *et al.*, 1997)**. Os PFGs parecem ser um método favorito para estudar o papel da biodiversidade no funcionamento dos ecossistemas **(Barbault e Hochberg, 1992)**. Recentemente, tem havido um interesse crescente na definição de PFGs a fim de: i) ligar os padrões dos ecossistemas e as funções dos ecossistemas **(Schulze e Mooney, 1993 e Davis e Rutherford, 1995)**, nomeadamente em resposta a perturbações **(Lavorel *et al*, 1997)**; ii) criar modelos dinâmicos globais de vegetação para o estudo das relações vegetação/clima **(Box, 1996 e Skarpe, 1996)**, em especial no que respeita às alterações globais **(Diaz e Cabido, 1997)**; iii) modelar a dinâmica dos ecossistemas **(Nobel e Gitay, 1996)**; **iv**) comparar ecossistemas distantes à escala regional e global **(Tsuyuzaki e Moral, 1995 e Bugmann, 1996)**. Grupo funcional definido como uma classificação não filogenética que conduz a um agrupamento de organismos que respondem de forma comum a uma síndrome de factores ambientais ou que têm um efeito comum no funcionamento do ecossistema **(Diaz e Cabido, 2001; Lavorel e Garnier, 2002)**. De acordo com **Gitay e Nobel (1997)**, os tipos funcionais de plantas (PFT) são definidos como agrupamentos não filogenéticos de espécies que têm um desempenho semelhante num ecossistema com base num conjunto de atributos biológicos comuns.

Os grupos funcionais podem ser definidos em função da contribuição das espécies para os processos do ecossistema (como o ciclo do carbono e da água) ou da resposta das espécies a alterações das variáveis ambientais (como as variáveis climáticas ou as perturbações) **(Chapin *et al.*, 1996 e Skarpe, 1996)**. A procura de grupos funcionais utilizáveis em modelos de dinâmica global da vegetação tem de prever agrupamentos de espécies que podem diferir consoante a função ou o grupo de funções considerado. Por exemplo, os PFTs associados a factores climáticos diferem dos relevantes para a migração de espécies **(Gitay e Nobel, 1997)**. As classificações que utilizam traços selecionados por priões (os caracteres principais) em combinações de factores actuais (por exemplo, o clima atual) também não se manterão necessariamente em condições variáveis, como novas combinações de regimes de temperatura e precipitação **(Chapin *et al.*, 1996 e Skarpe, 1996)**. Estas duas preocupações podem ser resolvidas ligando explicitamente a função aos mecanismos de resposta **(Woodward e Cramer, 1996)**. Isto é possível para funções para as quais as síndromes adaptativas são estabelecidas a partir de manifestações estruturais diretas, mas, em última análise, a funcionalidade de qualquer atributo (os caracteres utilizados dentro dos traços) deve ser assistida experimentalmente **(Box, 1996)**. Por exemplo, a tolerância à seca pode ser relacionada com padrões de afetação às folhas versus raízes, caraterísticas das folhas e ajustamentos metabólicos (C3, C4 e CAM).

Noutros casos, porém, a relação entre **forma (estrutura)** e **função** é conhecida apenas a partir de padrões de correlação, como é o caso do tamanho da planta e da taxa de crescimento relativo **(Duarte *et al.*, 1995)**. Alguns atributos funcionais essenciais (por exemplo, a via fotossintética) não se traduzem na morfologia **(Box, 1996)**. A relação entre **forma** e **função** (ou padrão e processo) é um dos paradigmas ecológicos clássicos **(Smith *et al.*, 1993)**. A forma e a função estão intrinsecamente interligadas a tal ponto que se pode pensar que uma causa a outra. Como afirma **Dafni (1992)**, *"é quase impossível separar a arquitetura de um órgão da sua função"*. Por exemplo, a morfologia de uma flor restringe a gama de potenciais polinizadores e aumenta a eficiência da alogamia. Assim, a interação entre o polinizador e a variação nos traços da flor é uma caraterística potencialmente importante que conduz à evolução da morfologia da flor **(Thompson, 2001)**.

Por último, não se pode esperar que as classificações sejam universais, mas o seu desenvolvimento deve ter por objetivo alcançar uma maior generalidade através da abordagem dos mecanismos. Consequentemente, as definições de GF podem variar em função de alterações nas médias das caraterísticas, correlações entre caraterísticas, respostas diferenciais das espécies, etc. A avaliação destas condições para todas as espécies que compõem uma comunidade é dispendiosa e trabalhosa, e as técnicas para descrever os PFGs foram desenvolvidas especificamente como alternativas rápidas e económicas para descrever a vegetação. No entanto, a sua fiabilidade deve ser estabelecida experimentalmente **(Dyer *et al.*, 2001)**.

Grupos funcionais e taxonomia

Os tipos de funções das plantas têm sido amplamente propostos como uma alternativa ecológica às entidades taxonómicas tradicionais, através da avaliação dos impactos prováveis de potenciais alterações ambientais nos ecossistemas **(Boutin e Keddy 1993; Chapin *et al.* 1996; Skarpe 1996; Gitay e Nobel, 1997 e Semenova e van der Maarel, 2000)**. Alguns ecologistas **(e.g. Heal e Grime, 1991)** consideram que a taxonomia clássica terá eventualmente de dar lugar à classificação funcional.

As afinidades taxonómicas e os tipos funcionais foram todos gerados pelo mesmo mecanismo evolutivo. No entanto, apenas as afinidades taxonómicas foram preservadas ao longo da evolução, ao contrário dos tipos ecológicos que foram remodelados vezes sem conta, através da formação de comunidades, do declínio e do declínio dos ecossistemas e das mudanças biogeográficas **(Garcia-Novo *et al.*, 2004)**.

A ênfase num papel ecológico em detrimento de outro pode influenciar a seleção de caracteres. A perceção dos ciclos ou estratégias das plantas pelo ecologista pode favorecer determinados conjuntos de caracteres. Os caracteres morfológicos ou funcionais permanentes podem encontrar uma apresentação desproporcionada na análise em relação a caracteres temporários ou interações descontínuas. Os órgãos aéreos são os que mais caraterísticas produzem na análise do tipo funcional (FT) **(Garcia-Novo *et al.*, 2004)**.

Gitay e Nobel (1997) reconhecem três abordagens para a deteção de FT: (1) uma análise indutiva das comunidades ou ecossistemas, classificando as espécies em supostos tipos funcionais; (2) uma análise dedutiva baseada em alguns processos ecológicos básicos e no conjunto de categorias funcionais que lhes estão associadas; (3) a análise numérica de conjuntos de caracteres associados para procurar grupos de espécies e caracteres.

Franks *et al.* (2009) podem concentrar os seus esforços de investigação e definir quais os taxa de plantas raras a estudar, avaliando os taxa em grupos funcionais com base na sua morfologia floral e caraterísticas de história de vida. Foram identificados sete grupos funcionais emergentes que se diferenciam em grande medida pela forma da flor e pela forma de vida. Estes sete grupos funcionais variaram significativamente na sua reação às perturbações. Ao derivar estes grupos funcionais, os investigadores planeiam desenvolver modelos para cada grupo sobre a forma como as taxas de polinização, a produção de sementes e a aptidão das sementes são afectadas pela dimensão da população e pelo contexto da paisagem

Grupos funcionais, biodiversidade e riqueza de espécies

As relações entre a diversidade vegetal e o funcionamento dos ecossistemas continuam a ser muito controversas. No entanto, é cada vez mais consensual que a diversidade funcional, ou o valor e a gama de caraterísticas das espécies, mais do que o número de espécies *em si*, determina fortemente o funcionamento dos ecossistemas. Apesar da sua importância e do facto de a diversidade de espécies ser frequentemente um substituto inadequado, a diversidade funcional tem sido estudada em relativamente poucos casos.

A diversidade está a perder-se a um ritmo sem precedentes a nível global, como consequência do uso do solo, das trocas bióticas e das alterações na composição atmosférica e no clima, ameaçando potencialmente os principais processos dos ecossistemas e os serviços ecossistémicos (ver Glossário) que os seres humanos deles derivam **(Chapin *et al.*, 2000)**. A questão de saber se a diversidade vegetal influencia os processos ecossistémicos tem recebido uma atenção crescente nos últimos cinco anos, em consequência da publicação de vários desenvolvimentos teóricos e experiências inovadoras **(Huston, 1997; Tilman, 1999 e Loreau, 2000)**.

É hoje consensual que a diversidade (sinónimo de biodiversidade e diversidade biológica) inclui tanto o número como a composição dos genótipos, espécies, tipos funcionais e unidades de paisagem num determinado sistema. No entanto, a diversidade é frequentemente equiparada à riqueza de espécies, e outros componentes da diversidade têm sido frequentemente subestimados. Em particular, a diversidade funcional **(Tilman, 2001)**, que tem recebido muito menos atenção na literatura, está agora a emergir como um aspeto de importância crucial na determinação dos processos do ecossistema **(Diaz**

e Cabido, 2001).

O papel da diversidade de plantas no funcionamento dos ecossistemas tem sido objeto de debates de alto nível na literatura **(Hodgson *et al.*, 1998 e Huston *et al.*, 2000)**. Continua a haver muita controvérsia em relação a questões de conceção experimental **(Allison, 1999 e Schwartz *et al.*, 2000)**, interpretação estatística dos resultados e factores que controlam e são influenciados pela diversidade a diferentes escalas **(Loreau, 2000)**.

No entanto, há um consenso crescente de que os efeitos da diversidade nos processos ecosistémicos devem ser atribuídos aos traços funcionais (valor e amplitude) das espécies individuais e às suas interações (como competem direta ou indiretamente, e como modificam o ambiente biótico e abiótico umas das outras), e não ao número de espécies *per se* **(Tilman, 1999; Chapin *et al.*, 2000 e Loreau, 2000)**. O apoio empírico e teórico à ideia de que a diversidade funcional pode afetar a dinâmica dos recursos do ecossistema a curto prazo e a estabilidade do ecossistema a longo prazo tem vindo a acumular-se **(Diaz e Cabido, 2001)**.

Tilman (2001) verificou que, embora o número de grupos funcionais tivesse inicialmente o maior impacto na biomassa, o número de espécies também tinha contribuído significativamente para a biomassa. Os investigadores descobriram também que a biomassa total era influenciada por várias espécies individuais (como a leguminosa *Lupinus perennis*) e grupos funcionais (leguminosas e gramíneas de estação quente). Concluiu que "tanto a diversidade de espécies como a composição de grupos funcionais devem ser consideradas elementos críticos que controlam o funcionamento do ecossistema". O número de espécies de plantas e a composição dos grupos funcionais tornaram-se simultânea e aproximadamente igualmente importantes na nossa experiência a longo prazo.

Grupos funcionais ou grupos adaptativos de plantas

Segundo **Nobel e Gitay (1996)**, uma classificação do tipo funcional deve basear-se nas respostas das espécies às perturbações. Os traços fisionómicos definem os grupos estruturais e a partilha de recursos define as guildas. No entanto, admitem que normalmente a definição de tipos funcionais deve englobar todos estes aspectos, para além de outros como a fenologia ou os traços bioquímicos. Assim, o PFT ou PFG não é um conceito definido, mas é largamente dominado pelos objectivos dos autores, e a classificação obtida é necessariamente arbitrária de conjuntos de espécies **(Solbrig, 1993)**.

Box (1996), existem caraterísticas das plantas que podem não ser induzidas por caraterísticas morfológicas (ou seja, vias de fotossíntese, relação C/N, concentração de seiva, etc.), e essas caraterísticas fisiológicas também devem ser consideradas. Assim, quando as espécies vegetais são distinguidas de acordo com os seus traços vegetativos, seria preferível utilizar o termo "grupo adaptativo" em vez de "grupo funcional". Este último seria utilizado para caraterizar as caraterísticas funcionais (tipo fotossintético entre C3, C4 e CAM, relação C/N, CO, absorção, condutância e densidade estomática, palatabilidade, etc.).

As concepções de **Lavorel *et al.* (1997) seguiram** as mesmas tendências, e sublinharam que as classificações baseadas na combinação de caraterísticas biológicas (**grupos emergentes**) não podiam explicar explicitamente as funções do ecossistema. No entanto, como mostram os resultados de **Médail *et al.* (1998)**, a combinação de vários atributos das plantas em alguns conjuntos restritos é bastante óbvia. Estes conjuntos podem ser identificados agrupando as espécies de acordo com os seus perfis de atributos. Estes atributos, resultantes de compromissos evolutivos entre as plantas e os seus ambientes, considerados como um todo, expressam o comportamento ecológico das plantas.

O valor dos grupos funcionais

O valor da utilização de grupos funcionais consiste em fornecer um quadro alargado e identificar caraterísticas que podem ser utilizadas como ponto de partida em estudos mais explicitamente direcionados **(Lavorel *et al.*, 1997)**. A aplicação do conceito de grupo funcional à ecologia vegetal tem sido utilizada principalmente para identificar grupos que contêm taxa que respondem de forma semelhante a factores ambientais escolhidos **(Lavorel *et al., 1997* e Garcia-Novo *et al.*, 2004)**.

Nobel e Gitay (1996) recomendam classificações funcionais específicas do contexto. Como tal, é vital que os ecologistas desenvolvam metodologias adequadas para identificar diferentes grupos funcionais, testando a sua aplicabilidade à tarefa para a qual foram desenvolvidos e testando a sua robustez para aplicação a outras tarefas.

A utilização de caraterísticas das espécies para as agrupar em grupos coerentes foi recentemente bem sucedida, proporcionando um novo meio de estudar a ecologia de uma vasta gama de tipos de vegetação **(Grime, *et al.* 1988; Leishman e Westoby, 1992; Boutin e Keddy, 1993; Hodgson *et al.*, 1995 e Ali *et al.*, 1999)**.

Friedel *et al.* (1988) notaram várias vantagens ao utilizar as proporções relativas de grupos funcionais para definir as condições em terras áridas: **a)** a utilização de atributos para definir numericamente os grupos funcionais eliminou variações na forma como um ecologista pode atribuir espécies a grupos; **b)** simplificou conjuntos de dados complexos de espécies para grupos ecologicamente sensíveis que eram então mais facilmente compreendidos, particularmente no fórum de mudança de vegetação; **c)** a técnica era suficientemente robusta para que os trabalhadores que pontuavam os atributos o pudessem fazer sem um conhecimento detalhado da autoecologia das espécies.

Limitações da utilidade dos grupos funcionais

Um objetivo importante da análise de PFG é utilizar esta informação sobre caraterísticas correlacionadas para prever a resposta da vegetação às alterações ambientais, em vez de informação detalhada sobre cada espécie. No entanto, existem três tipos principais de limitações à utilidade dos PFGs para prever a resposta às alterações ambientais **(Dyer *et al.*, 2001)**.

Em primeiro lugar, como referem **Lavorel *et al.* (1997)**, a maior parte das análises PFG incluíram espécies de diferentes formas de crescimento, mas tendem a recuperar as caraterísticas fenotípicas facilmente reconhecíveis, como a forma de crescimento **(por exemplo, Diaz e Cabido 1997; McIntyre *et al.*, 1995)**.

Em segundo lugar, os PFGs devem apresentar repetibilidade **(Gitay e Nobel, 1997)**. Os dados recolhidos sobre o mesmo conjunto de espécies que crescem em condições diferentes devem definir os mesmos (ou semelhantes) PFGs. Isto implica ou um padrão similar de correlação entre caraterísticas em diferentes ambientes, ou que grupos particulares de espécies respondem à variação ambiental com mudanças similares na expressão fenotípica. Nenhum dos dois é necessariamente previsto pela teoria atual **(Schlichting, 1986)**.

A **terceira** limitação é o que **Gitay e Nobel (1997)** chamam de "singularidade": que diferentes técnicas analíticas aplicadas aos mesmos dados devem chegar a conclusões semelhantes.

Traços funcionais (estados de traços)

A maioria dos organismos vivos evoluiu através de uma sequência perigosa de expansão para novas áreas, novos ambientes e comunidades, associada à extinção nos habitats originais e nalgumas das áreas recentemente colonizadas. Todas as caraterísticas biológicas actuais, quer morfológicas quer fisiológicas, desempenham ou desempenharam o seu papel na linha evolutiva. O enfoque nos traços funcionais ajuda-nos a compreender os sistemas biológicos em termos ecológicos **(Garcia-Novo *et al.*, 2004)**.

Na prática, a construção de PFTs envolveu uma combinação de pré-seleção subjectiva de caraterísticas com base em conhecimentos especializados e análises de correlação aplicadas a gradientes ambientais e manipulações experimentais. Tem-se verificado repetidamente que as classificações subjectivas das formas de crescimento reflectem funções ecosistémicas gerais ao longo de

gradiente ambiental **(Aguiar *et al.*, 1996 e Skarpe, 1996)**, as análises refinadas da estrutura da vegetação à escala da paisagem ou da comunidade exigem diferentes conjuntos de caraterísticas que explorem os pormenores das interações entre a planta e o seu ambiente abiótico e biótico **(Thompson *et al.*, 1996)**.

De acordo com **Korner (1993)**, 5 critérios devem ser considerados para a definição dos PFGs: critério I) escolha do nível de integração (ecossistema ou comunidade); II) qualidade (traços estruturais, fisiológicos e/ou vitais); III) padrões espaciais (verticais e horizontais) de espécies, órgãos ou dentro de ecossistemas; IV) padrões temporais (fenologia, juvenis versus maduros); e V) biogeografia (qual bioma ou ecossistema). **Os traços morfológicos** revelaram-se indicadores úteis para avaliar as condições ambientais **(Ali, 2003)**. Como os traços morfológicos se revelaram indicadores das condições ambientais **(Abernethy, 1994; Hills *et al.*, 1994; Ali *et al.*, 1999)**, um conhecimento sólido da autoecologia das espécies parece ser a melhor base para construir uma classificação **(Friedel *et al.*, 1988)**.

De acordo com **Solbrig (1993)**, a principal dificuldade na escolha dos traços é o facto de a relação traço/função poder mudar com a escala espácio-temporal considerada. A escolha de traços específicos dentro de cada categoria é tipicamente dedutiva, com uma preocupação particular de parcimónia e acessibilidade dos traços *in situ*. Os estudos num determinado contexto florístico e ambiental podem implicar a remoção e adição de caraterísticas específicas a uma lista principal definida para um determinado tipo de perturbação. Dentro de cada grupo de caraterísticas, é utilizado um método multivariado para analisar o modo como os atributos biológicos das espécies explicam a resposta da composição da comunidade às perturbações. Este método, que concilia abordagens indutivas e dedutivas da classificação funcional, tem em conta as correlações naturais entre os traços para traçar perfis de espécies caraterísticos de diferentes regimes de perturbação. Ao oferecer os meios de aceder a pormenores a níveis mais finos, esta abordagem hierárquica pode garantir que a interpretação de padrões específicos de diversidade continua a ser possível **(Lavorel *et al.*, 1997)**.

Semenova e van der Maarel (2000) esclarecem a terminologia redundante em uso na literatura sobre FT. Sugerem traços funcionais ou estados de plantas que podem ser referidos como **"estados de traços"**, abandonando o uso de atributos. Propõem que as síndromes se limitem a um conjunto de caraterísticas das plantas ligadas a um constrangimento ambiental. Os tipos de estratégia surgem geralmente das três estratégias adaptativas **(competidores, tolerantes ao stress e ruderais)** descritas por **Grime (1974)**, que relacionam os traços das espécies com a disponibilidade de recursos.

Dyer *et al.*, (2001) avaliaram 14 caraterísticas de crescimento e morfológicas em condições de poucos e muitos recursos de 42 espécies de plantas anuais de duas comunidades de origem em Israel que diferiam em termos de disponibilidade de recursos. Verificaram que a variação pode diferir entre espécies dentro de um grupo funcional, produzindo diferentes definições de grupos funcionais em diferentes condições experimentais. Uma vez que a maioria das análises de grupos funcionais é efectuada com base em dados recolhidos sem manipulação das condições de crescimento, as conclusões relativas à resposta de espécies ou comunidades a alterações das condições ambientais podem ser problemáticas.

Lista principal de caraterísticas das plantas

Weiher *et al.* (1999) fizeram uma tentativa valiosa de se concentrarem na "lista principal de caraterísticas das plantas".

A lista principal pode ser simplificada para um conjunto mínimo de caraterísticas que melhor descrevam a capacidade das plantas para enfrentar os principais desafios ecológicos. **Weiher *et al.* (1999)** propõem: (1) uma medida da folha (área foliar específica SLA, teor de água da folha); (2) massa da semente; (3) tamanho do adulto (altura ou biomassa acima do solo). **Westoby (1998)** descreveu uma representação geométrica, o esquema LHS (folha, altura, semente) de estratégias de plantas, usando um gráfico em três eixos: SLA, altura do dossel e massa de sementes.

De acordo com **Lavorel *et al.* (1997)**, a lista principal de definições de FT de caraterísticas vegetais inclui

Teor de água foliar ou água foliar superficial	Massa da semente
Altura	Forma da semente Tipo de dispersão Início da floração
Biomassa acima do solo	História de vida
Densidade do caule Capacidade de rebentação	
Clonalidade	

As sugestões acima referidas remetem para o esquema triangular de estratégias proposto por **Grime (1974)**. Esta linha de investigação sublinha a associação de caraterísticas essenciais das plantas, que pertencem a forças evolutivas de longa data na organização das plantas. As estratégias evolutivas ultrapassam a análise ecológica do FT. Mas a comparação de ambos os conjuntos de resultados pode ajudar a compreender os grupos de plantas e a interpretar a associação de caraterísticas **(Garcia-Novo *et al.*, 2004)**

Caraterísticas utilizadas para a concorrência relevante

Os traços ligados à resposta competitiva são resumidos da seguinte forma: Um conjunto de caraterísticas está relacionado com o tamanho da planta [massa da semente, taxa de crescimento relativo, altura da planta, área basal e biomassa acima do solo], sendo todos eles preditores relevantes do efeito competitivo **(Westoby, 1998; Reynolds, 1999)** e da resposta competitiva quando as plantas em interação são de tamanho semelhante **(Goldberg e Landa, 1991)**. Um segundo conjunto de caraterísticas está relacionado com a arquitetura da copa [comprimento e área das folhas, quantidade de biomassa atribuída aos caules], que influencia a resposta competitiva da planta à luz quando as plantas em interação têm tamanhos semelhantes **(Wilson, 1994)**.

Um terceiro conjunto de caraterísticas inclui duas caraterísticas foliares [área foliar específica (razão entre a área foliar e a massa seca) e teor de matéria seca da folha (razão entre a massa seca da folha e a massa fresca saturada)] que caracterizam o compromisso no funcionamento da planta entre a produção de biomassa e a conservação de nutrientes **(Grime *et al.*, 1997 e Poorter e Garnier, 1999)**.

Uma abordagem hierárquica à análise de conjuntos de caraterísticas

Embora vários estudos tenham abordado a resposta das espécies à perturbação de acordo com os seus atributos biológicos, os resultados continuam a confirmar algumas tendências muito gerais (a perturbação favorece as espécies anuais, de pequena estatura) e não progrediram através do refinamento dos traços biológicos. Independentemente da abordagem, as análises convergem invariavelmente para uma classificação baseada na forma de crescimento: anuais e perenes de vida curta, forbes perenes, gramíneas perenes, com possíveis subdivisões dentro das gramíneas, e arbustos, se presentes **(Lavorel *et al.*, 1997)**.

Em aperfeiçoamentos posteriores, foram utilizados atributos específicos de resposta para dividir estes grupos para perturbações específicas, por exemplo, utilizando a palatabilidade para a resposta ao pastoreio **(Noy-Meir *et al.*, 1989)**. Para caraterizar as respostas a perturbações específicas num determinado tipo de vegetação, a classificação deve operar explicitamente de forma hierárquica dentro do crescimento formas. Embora a relevância da forma de crescimento continue a ser primordial e os seus efeitos devam ser tidos em conta como primeiro passo, são necessárias mais análises dentro de cada forma de crescimento para examinar o contributo de outros traços. Além disso, podem ser examinados diferentes conjuntos de caraterísticas para cada forma de crescimento **(Lavorel *et al.*, 1997)**.

Por exemplo, as espécies da tundra árctica foram classificadas hierarquicamente através da utilização de subconjuntos de caraterísticas relevantes apenas para formas de vida específicas **(Chapin *et al*,**

1996). Outro exemplo de uma classificação hierárquica encontra-se na resposta da pradaria de ervas altas do Kansas à prescrição de queimadas **(Gibson, 1988)**. O grau de divisão dentro de cada forma de vida dentro das histórias de vida dependeu do número de espécies dentro de cada grupo. A história de vida (anual versus perene) e o grupo fotossintético (C3 versus C4) foram considerados como classificações secundárias dentro das formas de vida. Dentro das gramíneas perenes C4, foi efectuada uma subdivisão adicional de acordo com a estatura **(Lavorel *et al.*, 1997)**.

Método de agrupamento multivariado

Os grupos funcionais de plantas são utilizados para descrever padrões de organização da comunidade. No entanto, são definidos por conjuntos de caraterísticas correlacionadas ou por agrupamentos de espécies, e as respostas destas duas definições a condições ambientais variáveis são desconhecidas **(Dyer *et al.*, 2001)**.

A primeira etapa da análise da resposta da comunidade à perturbação consistirá numa **análise univariada** da distribuição das formas de crescimento entre os regimes de perturbação. A hierarquia baseia-se (1) na necessidade de diferentes conjuntos de caraterísticas em função da forma de crescimento, particularmente aguda no caso da resposta ao pastoreio, e (2) na necessidade de analisar grupos de caraterísticas de forma independente (por exemplo, morfologia e estratégia de regeneração). Assim, dentro de cada forma de crescimento, os traços são distribuídos em quatro categorias que são concebidas e analisadas de forma independente: história de vida, morfologia, resposta ao pastoreio e regeneração **(Lavorel *et al.*, 1997)**.

Foi aplicado um método de agrupamento multivariado à matriz de espécies por caraterísticas resultante para determinar que agrupamentos de taxa de plantas surgiriam. Os métodos de agrupamento calculam medidas de semelhança ou associação, com base no grau em que os taxa têm caraterísticas em comum **(Franks *et al.*, 2009)**. Assumiu-se que os grupos de espécies representavam tipos funcionais de plantas **(Keddy,**

1992). A análise de componentes principais foi utilizada para avaliar a homogeneidade destes grupos em termos de caraterísticas **(Ter Braak e Smilauer, 1998**).

Uma técnica de classificação hierárquica não-política (Two Way

A análise de espécies indicadoras (TWINSPAN; **Hill, 1979**), uma opção do pacote estatístico VESPAN, foi utilizada para identificar grupos de espécies com caraterísticas morfológicas semelhantes.

Aplicações dos grupos funcionais

O interesse na aplicação do conceito de grupo funcional aumentou na última década, particularmente como um quadro para prever as respostas das espécies, das comunidades vegetais e dos ecossistemas às alterações ambientais induzidas pelo homem e os mecanismos subjacentes a essas respostas **(Franks *et al.*, 2009)**. As abordagens dos grupos funcionais têm sido utilizadas no contexto das actuais preocupações sobre os efeitos das alterações globais, especialmente o declínio da biodiversidade, o aumento do CO_2, o aquecimento do clima **(por exemplo, Woodward e Cramer 1996)** e várias perturbações do ecossistema, incluindo o pastoreio **(por exemplo, McIntyre *et al.* 1999)**, a fragmentação do habitat **(Kolb e Diekmann, 2005)** e as invasões na dinâmica das comunidades e no funcionamento do ecossistema **(Blondel, 2003)**.

Os grupos funcionais também foram bem desenvolvidos e utilizados na ecologia do fogo, particularmente as caraterísticas da história de vida do fogo que foram utilizadas para prever o risco de extinção **(Nobel e Slatyer, 1980; Bradstock e Kenny, 2003)**.

1. Grupos funcionais e pastoreio

Para caraterizar a resposta da vegetação herbácea dominante ao pastoreio e à perturbação do solo, o esquema hierárquico baseia-se no reconhecimento da divisão primária das espécies em quatro formas de crescimento: arbustos, forbes e gramíneas/sedges, e uma subdivisão das gramíneas em anuais e perenes **(Lavorel *et al.*, 1997)**.

Avaliando os diferentes tratamentos de gestão para os prados calcários pobres em nutrientes de um ponto de vista de conservação, tanto a ceifa como o mulching parecem, por vezes, constituir alternativas de gestão úteis ao pastoreio de baixa intensidade. A dinâmica da vegetação é mais elevada se uma área for pastoreada em vez de ceifada ou coberta com cobertura vegetal e mais espécies podem voltar a colonizar por sementes **(Kahmen *et al.*, 2002)**.

2. Grupos funcionais e fragmentação

Há uma indicação geral na literatura de que muitas espécies de plantas apresentam um declínio na produção de sementes com o aumento da fragmentação da paisagem. As alterações na abundância e diversidade dos polinizadores podem ser um fator crítico para determinar a persistência das espécies vegetais numa paisagem fragmentada. Além disso, as alterações nos sistemas de acasalamento e a perturbação dos sistemas de polinização em paisagens fragmentadas não são tão imediatamente óbvias como outros processos ecológicos ao nível da comunidade **(Franks *et al.* 2009)**.

O conceito de grupo funcional será de grande valor como instrumento de previsão para determinar a resposta a ameaças identificadas, como a fragmentação da paisagem. O estudo de **Médail *et al.* (1998)** trata das consequências de uma perturbação grave - a fragmentação do habitat - nos padrões dos GFs numa paisagem mediterrânica. O principal objetivo do seu estudo foi comparar os padrões funcionais com a composição vegetal em isolados florestais de azinheiras de dois locais da Província (França mediterrânica), em substratos siliciosos ou calcários. Os seus resultados indicaram que, na Província siliciosa, ocorre uma maior diversidade estrutural e funcional no interior dos isolados, ao passo que, no substrato calcário, a diversidade de grupos funcionais de plantas que caracterizam as bordas é tão importante como nas partes internas dos isolados.

A utilização de grupos funcionais de plantas na ecologia da conservação de paisagens fragmentadas

De facto, as operações de conservação biológica e de integração dos isolados florestais numa estratégia regional de conservação não devem subestimar a complexidade destes sistemas ecológicos isolados **(Médail *et al.*, 1998)**. As consequências biológicas da fragmentação e do isolamento são múltiplas, dependendo dos grupos taxonómicos e dos níveis hierárquicos considerados **(Robinson *et al.*, 1992 e Holt *et al.*, 1995)**. **Médail (1996)** verificou que as respostas ecológicas dos ecossistemas de tipo mediterrânico que enfrentam processos de fragmentação reflectem fortes constrangimentos edáficos, climáticos, históricos e antropogénicos.

De acordo com a demonstração de Tilman **(Tilman, 1996)**, o papel da biodiversidade é diferente consoante o nível ecológico considerado: a diversidade vegetal estabiliza os processos comunitários e ecossistémicos, mas não os processos populacionais. Todos estes resultados sublinham a importância de ter em conta não só a diversidade específica, mas também a diversidade das comunidades e dos ecossistemas através da diversidade funcional, na gestão dos solos e na conservação da biodiversidade **(Médail *et al.*, 1998)**. É claro que as espécies continuam a ser dados de campo iniciais e que os limites da análise funcional residem na não consideração das espécies-chave **(Bond, 1993)**, redundantes **(Walker, 1992)** e raras **(Drury, 1974)**.

3. Grupos funcionais e concorrência

Uma vez que a capacidade competitiva é uma das principais funções que influenciam a ocorrência das espécies **(Grime, 1979; Keddy, 1989; Austin, 1990)**, a maioria dos esquemas de estratégia das plantas e os quadros teóricos que tratam da distribuição das plantas ao longo de gradientes ambientais incluem conjuntos de caraterísticas que representam a capacidade competitiva das espécies **(Grime, 1979; Tilman, 1982, 1985; Huston e Smith, 1987; Berendse e Elberse, 1990; Westoby, 1998; Suding *et al.*, 2003)**. No entanto, não foi identificado um conjunto único de caraterísticas, provavelmente devido a diferenças na definição de capacidade competitiva. A capacidade competitiva de uma planta tem duas componentes, o efeito competitivo (capacidade de um indivíduo para suprimir outros indivíduos) e a resposta competitiva (capacidade de um indivíduo para evitar ser suprimido), que correspondem a diferentes capacidades das plantas para adquirir e utilizar recursos **(Goldberg, 1990)**. O efeito competitivo está relacionado com a aquisição de recursos, com as plantas grandes ou altas a deprimir competitivamente as mais pequenas **(Gaudet e Keddy, 1988; Keddy e Shipley, 1989; Aarssen, 1992)**.

As espécies com grande área basal quando cultivadas individualmente foram menos suprimidas pela competição. Não foi encontrada qualquer relação entre a resposta competitiva das espécies e outras caraterísticas medidas em plantas cultivadas isoladamente, incluindo a altura e a taxa de crescimento relativo (RGR). Este resultado sugere que a área basal das plantas pode ser utilizada para prever a capacidade competitiva das espécies em comunidades herbáceas **(Navas e Moreau-Richard, 2005)**.

Em contrapartida, foram identificadas três estratégias de resposta competitiva com base em diferentes compromissos entre a utilização e a conservação de recursos **(Keddy *et al.*, 1998)**: as plantas evitam ser suprimidas adquirindo recursos mais rapidamente (**estratégia de procura de alimentos**), mudando o local ou o momento de aquisição de recursos em relação aos vizinhos (**estratégia de fuga**) ou conservando recursos escassos (**estratégia persistente**). Uma vez que o compromisso fundamental entre a produção rápida de biomassa e a conservação de recursos pode ser captado por caraterísticas funcionais **(Poorter e Garnier,**

1999), as diferenças nas estratégias de resposta competitiva devem ser previstas por traços funcionais. **Navas e Moreau-Richard (2005) colocaram** a hipótese de que as "**forrageadoras" e as "escapadoras**" deveriam ser caracterizadas por uma taxa de crescimento rápida, em relação à aquisição rápida de recursos, tendo estas últimas maior altura de planta ou dispersão lateral do que as primeiras, e as "**persistentes**" por uma baixa taxa de crescimento em relação à conservação de recursos.

Podem ser propostas duas explicações potenciais para demonstrar a resposta competitiva das comunidades de espécies herbáceas. **Em primeiro lugar**, as alterações ambientais associadas a perturbações (por exemplo, stress físico) podem alterar a hierarquia competitiva **(Suding e Goldberg, 2001)**. **Em segundo lugar**, a hierarquia competitiva em comunidades não saturadas pode ser controlada pela biomassa da vegetação vizinha **(Weigelt *et al.*, 2002)**.

Grupos específicos de resposta a perturbações

Os estudos individuais podem combinar classificações emergentes e classificações orientadas para a função, embora nem sempre de forma explícita. Por exemplo, as classificações utilizadas para modelar as mudanças globais ou regionais da vegetação associadas às alterações climáticas baseiam-se na forma de crescimento **(Prentice *et al.*, 1992** e **Steffen *et al.*, 1996)**.

No esquema CSR (*competitors, stress tolerators and rudelars scheme*), a estratégia relacionada com a perturbação foi inequivocamente relacionada com um grupo de atributos designados por **'ruderalidade;** *aqueles que podem lidar com a perturbação do habitat*' (curta duração de vida, pequena estatura, sementes abundantes e amplamente dispersas, banco de sementes dormente) **(Grime, 1977 e Boutin e Keddy, 1993)**. Estudos individuais complementaram esta lista, avançando para abordagens mais específicas de identificação de atributos relacionados com a perturbação. Estes atributos dividem-se em três categorias biológicas:

- **História de vida:** as plantas anuais ou perenes de vida curta são geralmente favorecidas por perturbações que abrem brechas na matriz geralmente herbácea e principalmente perene **(Belsky, 1992** e **Diaz *et al.*, 1994)**.

- **Morfologia das plantas:** tende a estar bem correlacionada com a resposta à perturbação. Os tipos morfológicos foram descritos a *posteriori* a partir de listas de espécies que aumentam, diminuem e são neutras **(Noy-Meir *et al.*, 1989** e **Belsky, 1992)** ou inferidos a partir de alterações nas estruturas da vegetação **(Sala, 1988)**. Em análises diretas de alterações simultâneas da composição da comunidade e dos atributos morfológicos das espécies, verificou-se frequentemente que o tamanho ou a altura das plantas diminui com o aumento da intensidade da perturbação **(Sala, 1988)**. Presumivelmente, este padrão resulta da correlação entre o tamanho da planta e vários atributos fisiológicos **(Duarte *et al.*, 1995)** que proporcionam adaptação a ambientes abertos e da relação direta entre o tamanho da planta e a acessibilidade aos pastores **(Noy-Meir *et al.*, 1989)**. Alternativamente, descritores sintéticos como as classificações de forma de vida de Raunkiaer **(McIntyre *et al.*, 1995)**, ou forma de crescimento **(Aguiar *et al.*, 1996)**, podem ser usados para analisar mudanças morfológicas ao longo de gradientes de intensidade crescente de perturbação. A morfologia também pode ser analisada procurando grupos de caraterísticas (por exemplo, altura, dispersão lateral e morfologia foliar) correlacionados com o gradiente de perturbação **(Friedel *et al.*, 1988 e Diaz *et al.*, 1994)**. Os padrões obtidos reflectem, em última análise, a forma de crescimento, uma vez que captam padrões de correlação entre caraterísticas morfológicas **(Lavorel *et al.*, 1997)**.

Traços de regeneração: As classificações sintéticas concebidas segundo os esquemas da estratégia de regeneração de Grime **(Grime, 1979)** e do Atributo Vital **(Nobel e Slatyer, 1980)** tentaram captar o mecanismo de persistência das espécies (banco de sementes, dispersão ou regeneração vegetativa) e a distribuição espácio-temporal do recrutamento. De facto, a classificação por grupos de caraterísticas de regeneração de prados calcários secos sugeriu que a persistência das sementes contribui para a capacidade das espécies de responderem a lacunas e, por conseguinte, será um indicador dos efeitos de alterações no regime de perturbação **(Thompson *et al.*, 1996)**. Quando se trata de floras específicas, a lista de caraterísticas relevantes precisa de ser adaptada de acordo com as formas de vida dominantes. Por exemplo, na vegetação com uma grande componente anual, a biologia da germinação tem sido utilizada para classificar as espécies de acordo com a dinâmica pós-perturbação **(Lavorel *et al.*, 1993)**. Por outro lado, quando dominam as plantas perenes, é necessário ter em conta a capacidade de rebentação **(Nobel e Slatyer, 1980)** e a propagação clonal **(McIntyre *et al.*, 1995).** As perturbações de intensidade crescente tendem a favorecer os semeadores em detrimento dos rebentos **(Bullock *et al.*, 1995)**.

4. Grupos funcionais e precipitação

Relativamente pouca investigação se tem centrado na compreensão do modo como os ecossistemas respondem às alterações dos regimes de precipitação, que se espera que tenham impactos significativos no funcionamento dos ecossistemas, na distribuição das espécies, na riqueza de espécies e na biodiversidade, especialmente nos ecossistemas áridos. São necessários estudos integrados para compreender a ecologia funcional de diferentes espécies, a fim de prever o seu sucesso em condições ambientais variáveis.

Avaliação integrativa das estratégias das plantas

Uma avaliação funcional das adaptações das espécies fornecerá informações sobre a forma como as diferentes espécies podem responder à alteração das condições ambientais e sobre as espécies vulneráveis às alterações ambientais. A avaliação das caraterísticas e estratégias funcionais das plantas permite uma melhor previsão das suas respostas a futuros cenários climáticos ou hidrológicos **(Arndt, 2006)**.

Um bom exemplo de uma avaliação integrada das estratégias de adaptação das plantas do deserto é a investigação das estratégias de utilização da água em arbustos do deserto efectuada por **Xu e Li (2006)**. Estes autores combinaram métodos ecofisiológicos e morfológicos para estudar as respostas das plantas a fenómenos de precipitação intensa em três arbustos do deserto da Ásia Central. A investigação da arquitetura do sistema radicular, combinada com as trocas gasosas, o estado da água e as medições da condutividade hidráulica, conduziu a uma avaliação exaustiva das respostas adaptativas das plantas a eventos de seca e precipitação no seu habitat. Os autores concluíram que o tipo funcional do sistema radicular determina diretamente a estratégia de utilização da água pelas plantas, a disponibilidade de água no solo e o estado hídrico das plantas dos arbustos do deserto estudados e, por conseguinte, determina a sua resposta, aclimatação e adaptação às alterações previstas nas futuras condições hídricas.

As espécies não-freatófitas como *Haloxylon ammodendron* e *Reaumuria soongorica* terão fortes respostas positivas ao aumento da precipitação, enquanto que o abaixamento do lençol freático terá um efeito negativo nas espécies freatófitas como *Tamarix ramosissima*. Estas conclusões fornecem informações importantes para modeladores de processos ecosistémicos, decisores políticos e gestores de terras **(Arndt, 2006)**.

A importância da metade oculta

Uma compreensão mecanicista da estratégia de uma planta é incompleta sem o conhecimento dos processos baseados nas suas raízes. Especialmente para as investigações em ecossistemas áridos, por exemplo, a aquisição de nutrientes, a adaptação à seca ou a eficiência da utilização da água pelas plantas, é fundamental incluir estudos baseados nas raízes. As raízes são importantes para os resultados dos ecossistemas em caso de alterações globais, ou seja, a profundidade a partir da qual a água é extraída é uma das influências mais importantes da vegetação nos modelos climáticos **(Westoby e Wright, 2006)**.

Muitos estudos incluíram estudos morfológicos ou fisiológicos das raízes em investigações, por exemplo, sobre a biodiversidade do ecossistema **(Kahmen *et al.*, 2005)**, os efeitos dos nutrientes na morfologia das plantas e na hidráulica das raízes **(Trubat *et al.*, 2006)** ou a dinâmica da água e dos nutrientes de espécies do deserto **(Zeng *et al.*, 2005)** e contribuíram para uma melhor compreensão dos processos do ecossistema. As investigações sobre a dinâmica das raízes são lentas e demoradas, mas são essenciais para uma avaliação integradora da função do ecossistema **(Arndt, 2006)**. Os estudos de **Xu e Li (2006) e Buis *et al.* (2009)** recordam que os processos que ocorrem no subsolo, embora menos aparentes, são tão importantes como os que ocorrem acima da superfície do solo.

5. Grupos funcionais e análise da vegetação dunar

Hesp (1991), complementando o trabalho anterior de **Doing (1985)** sobre as praias e as plantas das dunas costeiras, descreveu padrões latitudinais de afinidades biogeográficas, riqueza de espécies, grau de endemismo, espécies desérticas e caraterísticas funcionais das plantas, tais como suculência, C4 e adaptação ao stress. A associação de suculentas e plantas desérticas a climas costeiros áridos, e de espécies C4 a latitudes tropicais, exemplifica a correspondência entre caraterísticas vegetais e tipo climático na vegetação dunar à escala regional **(Garcia-Novo *et al.*, 2004)**.

Área de estudo

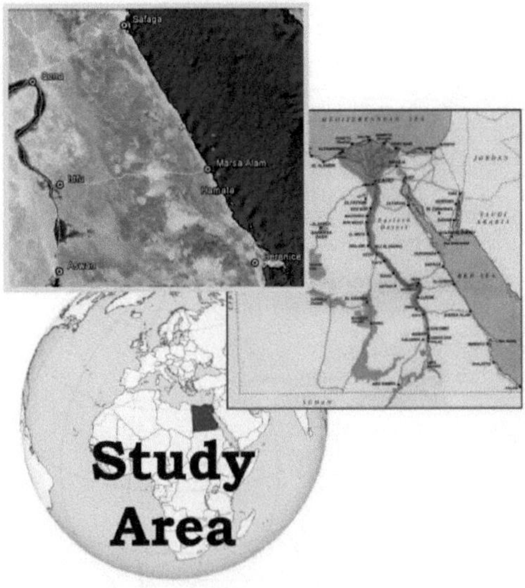

A área de estudo abrangeu quase um quarto do deserto oriental (cerca de 54500 Km^2), começando no Alto Egito, desde a província de Qena até à província de Assuão, a sul, e desde Safaga até Berenice, junto ao Mar Vermelho. A vegetação foi seguida através de vários vales interiores e costeiros e estradas pavimentadas que ligam o Vale do Nilo e o Mar Vermelho na área de estudo.

Esta zona situa-se entre as latitudes 26° 45' e 24° 1' N e as longitudes 32° 45' e 35° 00' E (Fig. 1). De acordo com **Zahran e Willis (2009)**, este estudo abrangeu três tipos de deserto no deserto oriental: (1) O deserto de calcário (deserto de Assiut-Qena), (2) O deserto de arenito (deserto de Idfu-Kom Ombo) e (3) A planície costeira do Mar Vermelho.

A. O deserto de calcário (deserto de Assiut-Qena)

De acordo com **Zahran e Willis (2009)**, esta é a parte do deserto oriental interior entre as latitudes 27°30' N e 25°30' N. Representa, de um ponto de vista litológico, a transição entre o planalto calcário (a norte) e o deserto não calcário (a sul). É dissecado por vários wadis principais, como El-Assiuty, Bir El-Ain, Qassab, Qena, Zaidun, El-Matuli e El-

Qarn, que desaguam no Nilo.

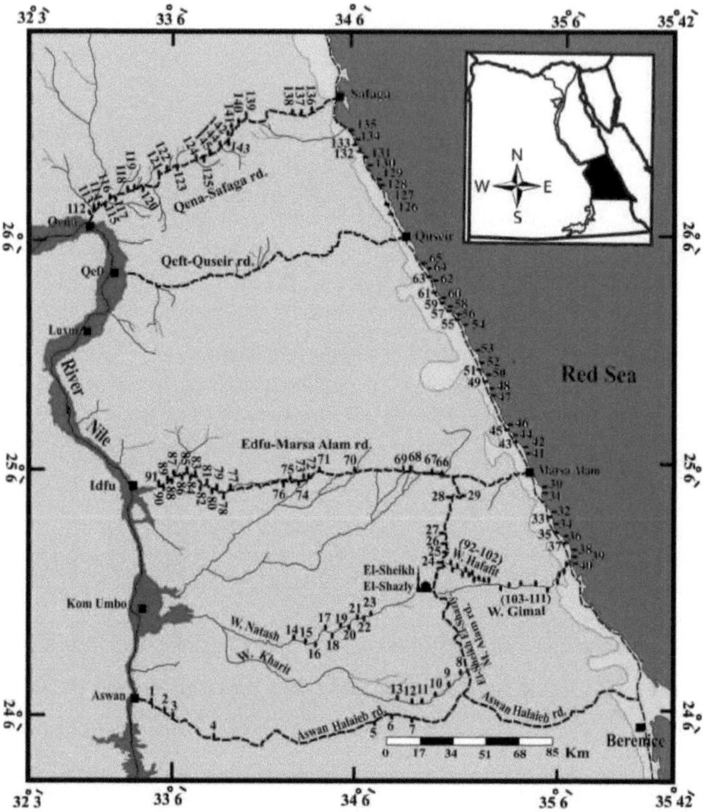

Figura 1: Mapa de localização da área de estudo

Estrada Qena-Safaga

A área de estudo situa-se ao longo da estrada Qena-Safaga, a uma distância de cerca de 157 km a leste da cidade de Qena em direção à cidade de Safaga no Mar Vermelho, entre 26° 12' e 26° 46' N e 32° 44' e 33° 56' E. A estrada Qena-Safaga liga a cidade de Qena no Vale do Nilo a Safaga na costa do Mar Vermelho. Atravessa sete wadis: Wadi Qena e os seus afluentes (Shahiden e El- Qreiya), Naq El-Tir, El-Gidami, El-Markh e Umm Taghir, respetivamente, de oeste para leste (Fig. 1).

O comprimento total desta estrada é de cerca de 157 km divididos por sete wadis, aproximadamente 10 km até Wadi Shahiden, 10,5 km até Wadi Qena, depois outros 8 km até Wadi El-Qreiya e 7,5 km até Wadi Naq El-Tir. Além disso, a estrada percorre cerca de 82 km para leste através do Wadi El-Markh e depois cerca de 32 km através do Wadi Umm Taghir até chegar ao delta do Wadi (cerca de 6 km) em direção à cidade de Safaga.

B. O deserto de arenito (deserto de Idfu-Kom Ombo)

De acordo com **Zahran e Willis (2009)**, esta região inclui a parte do deserto oriental que se estende entre Lat. 25°30'N e 24°N. A área é composta por uma secção oriental de complexo basal e uma secção ocidental de arenito da Núbia. No interior da secção de arenito núbio, existem algumas manchas de calcário cretácico. A drenagem para oeste das colinas do Mar Vermelho está contida em três wadis principais: Abbadi, Shait e Kharit e o seu afluente "Wadi Natash" **(Kassas e Girgis, 1965).**

1. Idfu Marsa Alam Road

A parte ocidental da estrada do deserto Idfu (no vale do Nilo)-Mersa Alam (na costa do Mar Vermelho) passa pelo canal principal de Wadi Barramya, que contém as minas de ouro de Barramya. Estes wadis tributários, por sua vez, recebem a drenagem dos afluentes. O sistema total tem cerca de 7000 km^2 O Wadi Shait nasce nas montanhas do Mar Vermelho. O seu comprimento total é de cerca de 200 km e junta-se ao vale do Nilo um pouco a norte de Kom Ombo; a sua bacia total é de 10 000 km^2.

A estrada Idfu-Marsa Alam liga a cidade de Idfu, no vale do Nilo, a Marsa Alam, na costa do Mar Vermelho. A região em que esta estrada se situa está localizada no Alto Egito (Latitudes: 25° 55' e Longitudes: 32° 55' - 34° 55' E). Atravessa seis wadis: Wadi Abbadi, Kanayis, Barramiya, Beizah, Duber e Abu Quaraiya, respetivamente, de oeste para leste. Os primeiros três wadis descarregam as suas águas no vale do Nilo, a oeste, enquanto os outros três wadis descarregam as suas águas no Mar Vermelho, a leste. O comprimento total desta estrada é de cerca de 220 km **(Said, 1962)**.

A geologia e a geomorfologia do deserto de Idfu-Kom Ombo são descritas por **Barron e Hume (1902)** e por **Said (1962)**. Cerca de 100 km da extensão da estrada Idfu-Marsa Alam atravessam sedimentos cretácicos a oeste da alta cordilheira do Mar Vermelho. Nesta parte, segue o curso inferior do Wadi Barramiya, que corre para oeste para se juntar ao Wadi Kanayis e ao Wadi Abbadi antes de desaguar no vale do Nilo em Idfu. Esta parte da estrada atravessa o arenito cretácico da Núbia, que se sobrepõe inconformavelmente às rochas basais a leste. Para oeste, este arenito é sucessivamente sobreposto por sequências de xisto que, por sua vez, são cobertas nalguns locais por leitos de ostras e calcários fosfáticos.

A estrada Idfu-Marsa Alam, na sua parte oriental, percorre também cerca de 115 km através das rochas basais da cordilheira do Mar Vermelho, que é composta por rochas ígneas e metamórficas. Esta parte da estrada segue o curso superior do Wadi Barramiya, depois o Wadi Beizah e uma parte do Wadi Duber e, finalmente, a leste, o Wadi Abu Qaraiya. Todos estes wadies, com exceção do Wadi Barramiya, correm para leste até à planície costeira do Mar Vermelho. Nos últimos cinco quilómetros da estrada, antes de chegar a Marsa Alam, os clásticos do Mioceno e do Plioceno, os carbonatos e os evaporitos bordejam a estrada antes de esta terminar nos terraços clásticos do Pleistoceno da costa do Mar Vermelho **(Said, 1962)**.

2. Wadi Kharit

O Wadi Kharit, um dos maiores wadis do Egito, tem a sua nascente principal em Gebel Ras Kharit e desemboca na planície de Kom Ombo. Chega ao Nilo no mesmo ponto que o Wadi Shait, com um comprimento de cerca de 260 km. Drena uma área de mais de 23.000 km^2 **(Ball, 1939)**.

De acordo com **Said (1962)**, o Wadi Kharit era um dos outros wadis que formavam afluentes do Nilo nos períodos Plio-Pleistocénico e Pleistocénico. Antes do aparecimento das recentes condições desérticas, enormes quantidades de materiais ígneos foram espalhados num extenso lençol sobre o planalto a oeste, a cerca de 46 m acima do atual nível do rio.

Representa um corte num grupo de falésias dissecadas em forma de meia-lua que delimitam uma superfície planáltica a norte, leste e oeste **(Issawy *et al.*, 1978)**. Pensa-se que os wadis e as depressões são estruturalmente controlados por um sistema de falhas. As rochas basais estão representadas na área por um pequeno afloramento de granito, juntamente com fluxos vulcânicos dispersos, provavelmente do início da era paleozóica. A maior parte da área está coberta por formações sedimentares do Terciário Inferior (Pliocénico) e do Cretácico Superior. Estes depósitos estão cobertos por sedimentos de wadi recentes, principalmente siltes finos com cascalhos grosseiros soltos perto das escarpas. A formação perto da entrada de Wadi Kharit inclui arenito núbio rico em moldes de raízes de plantas, restos orgânicos e caracóis terrestres **(Butzer e Hansen, 1968)**. Estes são misturados com argila amarela, incluindo manchas de gesso. A oeste da entrada (o delta superior do wadi), os sedimentos são de seixos de quartzo embebidos numa matriz arenosa hematitica de grão grosso não consolidada.

O wadi é caracterizado por uma variabilidade distinta do solo de acordo com a localização ao longo do seu curso . Existem principalmente três tipos de solo distintos:

1- solo arenoso avermelhado raso misturado com cascalho nas partes altas do wadi, 2- solo argiloso de cor escura nas partes a meio do curso e, 3- solo argiloso amarelo a jusante e perto das partes do delta do wadi. O delta do wadi é extensivamente cultivado em regime de irrigação. Esta parte deltaica é caracterizada por solos fluviais profundos. Por conseguinte, esta parte não é acessível a veículos, exceto os especialmente equipados para este tipo de terreno. Diversos afluentes vertem as suas águas para o wadi principal. Os deltas desses afluentes são ricos em vegetação, nomeadamente *Stipagrostis piumosa*, que está aparentemente sob intensa pressão de pastoreio por manadas de camelos, cabras e burros pertencentes aos habitantes das terras altas das tribos Bashariya e Abbadi, bem como por manadas de animais selvagens (gazelas e coelhos) **(El-Sharkawi *et al.*, 1987)**.

O Wadi Kharit recebeu o seu nome da planta **Kharit (*Salsola baryosma* Vern.)** que domina o seu delta. Sendo um dos principais wadis do deserto oriental do Egito, tem uma orientação este (planalto) - oeste (delta). O wadi principal estende-se por cerca de 250 km entre as latitudes 24° 26' e 24° 12' N e as longitudes 33° 11' e 34° 40' E. A sua largura varia entre 250 m (terras altas) e 750 m (perto do delta).

Os principais afluentes do Wadi Kharit são os Wadis Natash, Antar, Khashab, Abu Hamamid, Garara, Rod El-Kharuf e AH Mikan. As principais partes do Wadi Kharit atravessam o planalto sem chuva do deserto oriental. Os recursos hídricos dependem essencialmente da ocorrência fortuita de chuva nas montanhas do Mar Vermelho; a água de escoamento superficial acumula-se nos afluentes a montante e, se a descarga for volumosa, pode atingir os troncos principais dos wadis e fluir para jusante, o que é raro **(El-Sharkawi *et al.*, 1987)**.

O Wadi Kharit é um importante sistema de drenagem que disseca a parte oriental sul do deserto oriental do Egito numa orientação este-oeste. Devido à natureza vulcânica das rochas que lhe dão origem, a eluvião do solo ao longo do seu curso distingue-se em três tipos principais de solo reconhecíveis. Três comunidades vegetais reconhecidas no wadi, aparentemente muito relacionadas com as suas caraterísticas edáficas, são identificadas pela primeira vez no deserto oriental. A composição florística destas comunidades é bastante rica tanto em variedade de espécies como em valores de abundância **(El-Sharkawi *et al.*, 1987)**.

3. Wadi Natash

O Wadi Natash é o afluente do Wadi Kharit estudado neste trabalho. Estende-se ligeiramente acima do Wadi Kharit, com uma extensão de cerca de 100 km entre as latitudes 24° 21' e 24° 40' N e as longitudes 33° 24' e 34° 30' E. A sua largura varia entre 100 m e 500 m. Este wadi emana das montanhas do Mar Vermelho a oeste da bacia hidrográfica, ou seja, drena geralmente em direção ao vale do Nilo para oeste. A altitude média deste wadi é de 450 m, atingindo a sul da colina alongada de Gebel El-Nuqura uma altitude de 230 m. O wadi recolhe a água de muitos efluentes que se juntam a ele ao longo do seu curso sinuoso para leste durante cerca de 80 km **(Said, 1962)**.

4. Estrada Assuão-Berenice

A área de estudo situa-se na estrada Assuão-Berenice, a cerca de 300 km a leste da cidade de Assuão, em direção à cidade de Berenice, no Mar Vermelho, como parte da estrada Assuão-Halaieb, situada entre 24° 05' e 24° 00' N e 32° 55' e 35° 24' E. Esta estrada tem uma ligação de transferência com a estrada Idfu-Marsa Alam. Esta estrada, designada por estrada Marsa-Alam El-Sheikh El-Shazly, estende-se por cerca de 112 km de sul a norte e situa-se entre 24° 10' e 25° 03' N e 34° 36' e 34° 32' E.

A estrada Aswan-Berenice atravessa oito wadis: Wadi El-Arab e o seu afluente (W. Baranram), W. Gharara e os seus afluentes Timsah e Anid, Rod Kharuf (um afluente de W. Kharit), W. El-Khiwa e W. Na'ait, respetivamente de oeste para leste. Todos eles, exceto El-Khiwa e Na'ait, despejam as suas águas no rio Nilo. A altitude mais elevada desta estrada (cerca de 605 m a.s.l.) situa-se num ponto entre os dois últimos wadies a leste.

Os 300 km desta estrada percorrem principalmente o deserto de arenito de oeste para leste até W. Timsah e depois as rochas graníticas a sul de Gebel Hamata e, em seguida, entram na região montanhosa do Mar Vermelho como Gebel Abu Daraga e Gebel Umm Gunud (perto de Wadi El-Khiwa e Na'ait, respetivamente). Estes Km dividem-se pelos oito wadis, aproximadamente 9 Km. até Wadi Baranram, 60,7 Km. até Wadi El-Arab, e depois percorre cerca de 14 Km numa região de arenito em direção a Wadi Garara. Neste último Wadi Garara e seus afluentes, ocupa cerca de 45 Km. Além disso, percorre cerca de 33,3 Km no interior de rochas metavulcânicas em direção a Rod Kharuf, onde percorre cerca de 30 Km, depois 80 Km em W. El-Khiwa e 18 Km em W. Na'ait até chegar ao delta do wadi (cerca de 10 Km) em direção à cidade de Berenice.

C. Planície Costeira do Mar Vermelho (T4)

As terras costeiras do Mar Vermelho no Egito estendem-se desde Suez (Lat. 30 °N) até Mersa Halaib (Lat. 22 °N) na fronteira Sudão-Egito. As terras adjacentes ao Mar Vermelho no Egito são geralmente montanhosas, ladeadas no lado ocidental pela cadeia de montanhas costeiras. No vale profundo entre a linha de costa e as terras altas estende-se uma planície de declive suave, cuja largura varia de 8 a 35 km. A planície costeira está coberta de areia sobre a qual os sistemas de drenagem dos wadis serpenteiam com os seus cursos pouco profundos. De acordo com esta zona de estudo, o T4 atravessa cerca de 250 km muito próximo da costa do Mar Vermelho, entre Safaga e Hamata (para além do delta de Wadi Gimal), entre as latitudes 26° 45' e 24° 49' N e as longitudes 33° 55' e 34° 59' E.

O Wadi Gimal está situado no sul da cidade de Mersa Alam, ao longo da costa do Mar Vermelho do Egito. Tem origem no terreno montanhoso do Mar Vermelho que contorna a planície costeira. O wadi estende-se quase para leste durante cerca de 65 km (entre 24° 34' N, 34°35' E e 24° 40' N 35° 05' E) ao longo do seu curso de drenagem e termina numa parte deltaica bastante estreita perto da linha costeira. **O Wadi Hafafit** é um afluente deste wadi e corre NW-ES (perto da estrada Marsa-Alam El-Sheikh El-Shasly) durante cerca de 25 km entre as latitudes 24° 44' e 24° 34' N e as longitudes 34° 31' e 34° 40' E.

O Wadi Gimal tem origem na bacia hidrográfica que corre ao longo da cordilheira do subsolo e drena para colinas altas, das quais se destacam Gabal Nugrus, G. Hafafit, G. Zabara e G. Samuki. Estas montanhas são compostas por rochas ígneas e metamórficas (especialmente gneisses). Ao longo do seu curso em direção a leste, atravessa as rochas sedimentares costeiras compostas principalmente por arenito, xisto, margas e ocasionalmente evapora **(Said, 1962)**.

Caraterísticas climáticas

O deserto do Egito é uma das regiões mais áridas do mundo, caracterizada por uma aridez extrema e temperaturas elevadas. No entanto, estes dois factores variam muito nas diferentes estações do ano. A temperatura oscila entre o fresco e o muito quente. A precipitação é escassa em geral e irregular nos diferentes anos **(Abdel-Rahman e Batanouny, 1959)**. A precipitação não ultrapassa os 10 mm/ano na maior parte do país. Há uma estação seca prolongada que se prolonga sem interrupção durante 8 ou 9 meses por ano. A precipitação no Egito é caracterizada pela sua elevada variabilidade e irregularidade **(Batanouny, 1973)**.

Ayyad *et al.* (1986) consideraram o deserto oriental como uma província bioclimática hiperárida com um inverno ameno e um verão quente. O clima do deserto oriental na área de estudo é subtropical, sem estação das chuvas, mas podem ocorrer torrentes entre outubro e abril, provenientes das montanhas do Mar Vermelho e a última torrente nesta área foi em 2010. A temperatura e a humidade anuais principais variaram entre 8 e 42°C e 10% - 76%, respetivamente.

Temperatura (°C)

A temperatura é regular na sua sazonalidade; os meses de inverno são frios e os meses de verão são quentes. A partir dos dados obtidos durante os últimos dez anos (2003-2012), em Assuão a temperatura média mais baixa registada foi de 16,5 °C em janeiro, mas a mais elevada (33,5 °C) registou-se no mês quente do verão (julho). O mesmo se passa em Qena (a temperatura média mínima registada foi de 14,9 °C em Jan. e a máxima (33,6 °C) em Jul.

As médias de temperatura no Mar Vermelho foram aproximadamente próximas das registadas na região do Vale do Nilo. Os mínimos em Marsa-Alam (canto sudeste) e Safaga foram registados em janeiro (18,4 °C e 16,7 °C, respetivamente), enquanto os máximos foram registados em agosto (32,2 °C) e julho (32,5 °C). De um modo geral, as médias mais elevadas foram registadas em 2010 para a maioria dos pontos, exceto em Marsa-Alam; as médias mais elevadas foram registadas em 2003 (Quadro 1; Figura 2).

Tabela 1: Valores médios dos dados meteorológicos anuais obtidos de 2003 a 2012 na área de estudo

Localização	Ano	Temp. (°C)			Humidade (%)			Vento ($km.h^{-1}$)	Chuvoso Dias
		Máximo.	Média	Min.	Máximo.	Média	Min.		
Safaga	**2003**	29.8	24.8	20.2	61.4	42.8	28.0	23.3	1
	2004	30.5	25.6	20.9	60.4	42.0	28.0	22.4	0
	2005	29.7	24.6	20.0	62.3	44.0	29.2	21.9	0
	2006	30.2	24.9	20.1	61.7	43.4	28.0	23.5	0
	2007	30.4	25.1	20.1	62.2	42.9	27.5	22.5	0
	2008	30.1	25.1	20.6	59.4	41.8	27.7	21.9	0
	2009	30.1	24.9	20.2	60.8	42.7	27.7	21.1	0
	2010	31.7	26.5	21.7	64.3	45.1	29.6	20.9	3
	2011	29.6	24.6	20.1	61.6	43.4	29.1	21.4	1
	2012	30.3	25.2	20.3	60.9	41.7	24.1	19.3	0
Qena	**2003**	32.8	25.0	17.7	56.6	39.0	23.8	7.3	2
	2004	34.2	26.3	18.7	56.2	38.2	23.3	6.9	0
	2005	33.4	25.3	17.8	59.1	40.2	23.9	7.1	3
	2006	33.1	25.2	17.8	57.5	39.7	24.1	7.1	0
	2007	33.1	25.2	17.8	58.0	39.9	24.3	6.9	0
	2008	33.5	25.6	18.2	56.3	38.8	23.4	6.7	2
	2009	33.3	25.4	18.0	54.9	37.9	23.4	6.5	1
	2010	35.2	27.4	20.2	53.0	36.2	22.2	6.0	0
	2011	32.2	25.0	18.3	54.6	38.0	23.9	4.8	0
	2012	33.4	25.7	18.2	51.8	35.2	18.6	4.2	0
Assuão	**2003**	33.8	26.8	20.2	39.0	26.7	17.7	14.1	0
	2004	35.0	27.8	21.1	36.7	24.7	16.1	12.8	0
	2005	34.1	26.9	20.2	39.2	27.0	17.9	13.6	1
	2006	33.6	26.6	20.0	38.2	26.0	17.2	12.7	1
	2007	34.0	26.7	20.0	37.3	25.1	16.4	12.6	0
	2008	34.3	27.3	20.7	36.8	25.1	16.7	13.6	0
	2009	34.1	27.0	20.3	39.8	26.2	16.2	13.5	0
	2010	36.1	28.9	22.1	38.9	25.4	15.1	13.1	1
	2011	33.3	26.5	20.2	40.2	27.7	18.0	12.1	0
	2012	34.2	27.2	20.2	38.8	25.4	13.0	11.9	1
M-Alam	**2003**	31.3	27.2	23.5	52.4	36.8	24.5	19.1	0
	2004	29.1	25.3	21.9	50.1	37.0	26.2	20.3	0
	2005	28.7	25.7	22.9	51.3	39.2	29.5	20.7	1
	2006	28.8	25.4	22.4	53.9	39.9	28.2	19.0	0
	2007	29.1	25.2	21.7	53.9	39.3	26.8	18.7	0
	2008	29.3	25.4	21.8	50.9	38.3	26.9	18.4	1
	2009	29.1	25.1	21.4	54.5	40.3	27.3	17.2	0
	2010	30.8	27.2	23.8	55.9	41.1	28.0	19.5	1
	2011	28.7	25.3	22.2	53.1	39.7	28.2	19.6	0
	2012	29.5	25.8	22.4	53.2	38.7	26.9	16.9	0

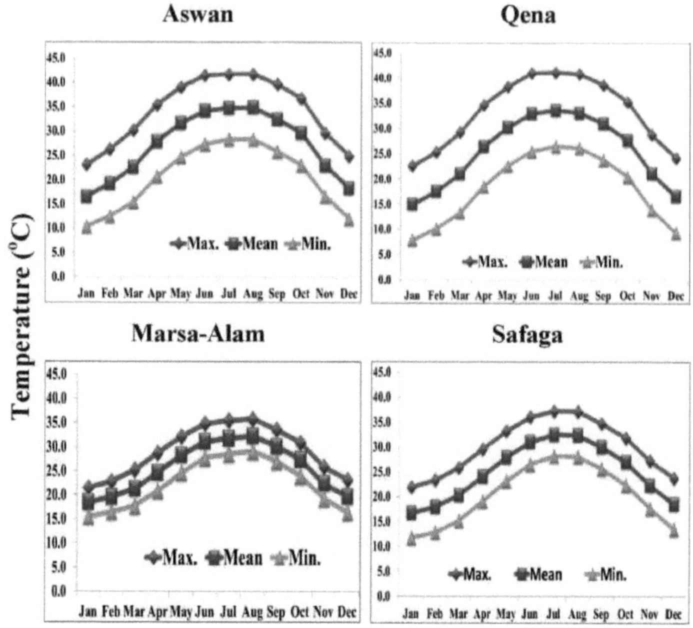

Figure 2: Valores médios da temperatura do ar (°C) da área de estudo de 2003 a 2012

Humidade relativa (RH%)

A humidade relativa (HR) varia acentuadamente em função da latitude, da longitude e das diferentes estações do ano. A região do Mar Vermelho, representada em Marsa-Alam e Safaga, segue a mesma tendência. As médias de humidade relativa atingiram 51,5% e 52,7% (em dezembro), enquanto que em junho diminuíram para 25,6% e 32,4%, respetivamente.

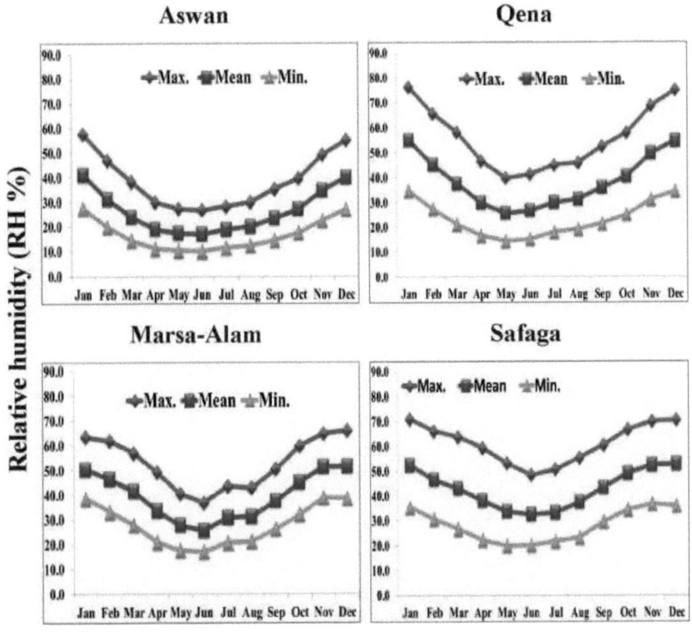

Figure 3: Valores médios da humidade relativa (RH %) da área de estudo de 2003 a 2012.

Ao longo dos últimos dez anos, a média de HR não excedeu 45,1% em Safaga (em 2010), seguida de 41,1% em Marsa-Alam no mesmo ano e 40,2% em Qena em 2005. Entretanto, na zona mais seca de Assuão, a média de HR registada variou entre 27,7% (em 2011) e 24,7% (em 2004).

Velocidade do vento (Km. h^{-1})

De acordo com os dados meteorológicos obtidos no Mar Vermelho e no Vale do Nilo da área de estudo, a velocidade média do vento durante os últimos dez anos diminuiu de oeste para leste. Consequentemente, as médias mais elevadas da velocidade do vento foram registadas em Safaga (23,5 Km/h; em 2006), seguida de Marsa-Alam (20,7 Km/h; em 2005) e Assuão (14,1 Km/h; em 2003) e a velocidade mais baixa foi registada em Qena (7,3 Km/h; em 2003).

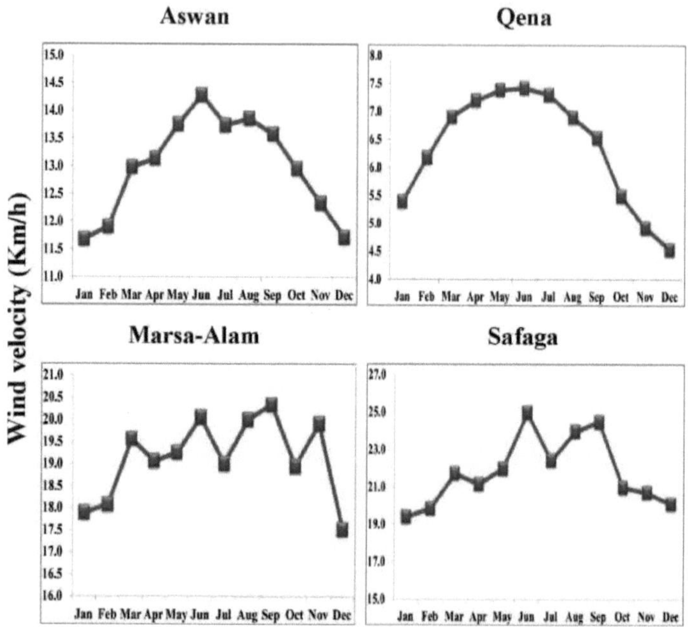

Figure 4: Variações anuais da velocidade do vento (Km.h^{-1}) da área de estudo de 2003 a 2012

Material e métodos

I. Seleção e distribuição dos povoamentos

Os principais critérios de seleção dos povoamentos foram a existência de um grau razoável de homogeneidade fisionómica na topografia e no tipo de vegetação, baixos níveis de perturbação da vegetação e alterações nos tipos de habitat e nas comunidades vegetais. Por conseguinte, os povoamentos da área de estudo foram distribuídos aleatoriamente. Foi empregue um método de amostragem aleatória estratificada **(Greig-Smith, 1983; Ludwig e Reynold, 1988)** em cada um dos 142 povoamentos de estudo georreferenciados utilizando um GPS (modelo Garmin eTrex HC). Entre 2011 e 2013, foi realizado um extenso levantamento detalhado em 142 povoamentos diferentes, representando uma variedade de regiões fitogeográficas no Egito **(Wickens, 1977a)**. Foram recolhidos espécimes de plantas em diferentes graus de abundância do deserto oriental e da costa do Mar Vermelho, a fim de compilar uma lista das espécies de plantas a eles associadas. A localização e as coordenadas destes povoamentos, juntamente com as suas unidades de paisagem geomorfológica, foram apresentadas no (Quadro 2).

II. Amostragem da vegetação

Um inquérito qualitativo incidiu sobre a vegetação da zona de estudo, situada na parte sul do deserto oriental (latitudes 26° 45' a 24° 1'N e longitudes 32° 45' a 35° 00'E; Fig. 1). Estende-se por uma área de cerca de 54500 km^2. Foram selecionados quatro transectos para este estudo. Estes transectos foram: (1) estrada Qena-Safaga; (2) estrada Idfu-Marsa Alam; (3) Aswan- Kharit-Gimal (entre Kom Ombo e o Mar Vermelho), e (4) planície costeira do Mar Vermelho. Cento e quarenta e dois talhões (20 X 30 m) foram selecionados para esta análise.

Tabela 2: Localizações dos povoamentos estudados selecionados representadas como Latitudes (N), Longitudes (E) e Altitude (m asl).

N.º de St.	Altitude (m asl)	Latitude (N)			Longitude (E)		
Estrada Assuão-Berenice							
S1	108	24°	01'	35.5"	32°	57'	52.9"
S2	179	24°	01'	41.0"	32°	57'	52.0"
S3	202	24°	01'	18.5"	32°	59'	12.5"
S4	301	23°	53'	5.2"	33°	20'	46.4"
S5	327	24°	03'	22.8"	34°	19'	23.7"
S6	353	24°	03'	22.3"	34°	21'	54.6"
S7	427	24°	10'	41.5"	34°	29'	55.5"
Wadi Kharit							
S8	464	24°	11'	59.3"	34°	38'	2.7"
S9	360	24°	03'	19.3"	34°	24'	18.6"
S10	351	24°	03'	34.1"	34°	23'	56.4"
S11	361	24°	03'	42.0"	34°	22'	58.6"
S12	360	24°	03'	41.7"	34°	22'	58.8"
S13	341	24°	02'	4.6"	34°	16'	33 7"
Wadi Natash							
S14	324	24°	19'	0.2"	33°	46'	26.2"
S15	236	24°	13'	59.3"	33°	46'	42.8"
S16	237	24°	18'	49.8"	33°	47'	5.7"
S17	239	24°	19'	16.3"	33°	47'	23.0"
S18	240	24°	19'	16.1"	33°	47'	22.7"
S19	241	24°	19'	30.8"	33°	48'	51.9"
S20	251	24°	20'	35.4"	33°	49'	51.9"
S21	251	24°	20'	54.1"	33°	49'	52.1"
S22	244	24°	21'	27.7"	33°	49'	58.9"
S23	255	24°	21'	27.8"	33°	49'	58 7"
Estrada El-Shekh El-Shazly - Marsa Alam							
S24	403	23°	56'	50.8"	34°	31'	46.9"
S25	507	24°	37'	6.9"	34°	31'	5.0"
S26	481	24°	38'	39.9"	34°	30'	50.7"
S27	498	24°	38'	40.0"	34°	30'	51.1"
S28	604	24°	55'	21.3"	34°	31'	7.1"
S29	602	24°	55'	28.1"	34°	31'	11 9"
Litoral do Mar Vermelho		**Autoestrada: Marsa-Alam do Sul**					
S30	3	24°	57'	7.1"	34°	56'	35.6"
S31	3	24°	56'	26.6"	34°	56'	30.8"
S32	0	24°	49'	43.3"	34°	59'	37.8"
S33	0	24°	49'	13.1"	34°	59'	57.1"
S34	4	24°	48'	54.2"	35°	00'	13.4"
S35	0	24°	47'	46.2"	35°	01'	23.1"

Quadro 2: Cont.

St. Não.	Altitude (m asl)	Latitude (N)	Longitude (E)
Autoestrada costeira do Mar Vermelho: Sul			**1 Marsa-Alam**
S36	0	24° 45' 14.1"	35° 03' 43.6"
S37	1	24° 45' 59.0"	35° 03' 59.8"
S38	0	24° 41' 50.2"	35° 04' 57.2"
S39	4	24° 41' 50.3"	35° 04' 57.4"
S40	2	24° 39' 47.3"	35° 05' 27.0"
Autoestrada costeira do Mar Vermelho		**: Marsa-Alam do Norte**	
S41	0	25° 10' 6.1"	34° 50' 28.3"
S42	1	25° 10' 19.1"	34° 50' 23.3"
S43	0	25° 10' 46.2"	34° 49' 57.2"
S44	0	25° 11' 17.8"	34° 49' 17.8"
S45	5	25° 12' 19.8"	34° 48' 20.6"
S46	1	25° 14' 40.5"	34° 47' 26.1"
S47	0	25° 18' 58.2"	34° 44' 8.2"
S48	0	25° 20' 15.7"	34° 44' 11.8"
S49	2	25° 21' 2.3"	34° 44' 5.1"
S50	0	25° 23' 39.0"	34° 42' 6.8"
S51	1	25° 25' 36.7"	34° 41' 21.6"
S52	0	25° 27' 48.9"	34° 40' 34.4"
S53	0	25° 30' 22.0"	34° 39' 5.4"
S54	2	25° 36' 42.8"	34° 35' 39.6"
S55	0	25° 38' 53.9"	34° 34' 47.5"
S56	0	25° 38' 53.6"	34° 34' 47.6"
S57	0	25° 41' 27.6"	34° 33' 51.5"
S58	0	25° 42' 24.3"	34° 33' 17.3"
S59	7	25° 43' 16.9"	34° 32' 45.8"
S60	9	25° 45' 34.8"	34° 30' 12.6"
S61	16	25° 45' 12.0"	34° 30' 7.0"
S62	14	25° 50' 35.1"	34° 25' 5.6"
S63	4	25° 51' 54.0"	34° 24' 50.3"
S64	13	25° 55' 14.0"	34° 23' 40.9"
S65	3	25° 56' 13.7"	34° 22' 58.6"
Estrada Idfu Marsa-Alam			
S66	517	25° 03' 12.3"	34° 27' 32.8"
S67	540	25° 03' 21.4"	34° 26' 5.2"
S68	526	25° 03' 48.0"	34° 16' 53.6"
S69	512	25° 04' 11.1"	34° 11' 49.1"

Quadro 2: Cont.

St. Não.	Altitude (m asl)	Latitude (N)	Longitude (E)
Estrada Idfu Marsa-Alam			
S70	412	25° 04' 7.8"	33° 53' 30.3"
S71	258	25° 01' 6.3"	33° 35' 43.4"
S72	250	25° 01' 1.2"	33° 35' 11.5"
S73	250	25° 01' 15.0"	33° 33' 49.0"
S74	231	24° 59' 52.9"	33° 22' 42.7"
S75	207	24° 59' 40.8"	33° 22' 14.7"
S76	202	24° 59' 44.5"	33° 21' 28.6"
S77	199	24° 59' 50.6"	33° 20' 30.7"
S78	190	24° 59' 51.4"	33° 20' 15.5"
S79	192	25° 00' 27.6"	33° 19' 14.2"
S80	178	25° 00' 33.5"	33° 17' 58.4"
S81	172	25° 01' 19.6"	33° 16' 35.0"
S82	160	25° 01' 33.3"	33° 15' 10.8"
S83	163	25° 01' 32.9"	33° 14' 37.2"
S84	156	25° 03' 14.3"	33° 13' 17.6"
S85	148	35° 03' 57.5"	33° 12' 5.1"
S86	146	25° 04' 29.0"	33° 10' 49.6"
S87	139	25° 04' 20.6"	33° 08' 49.9"
S88	128	25° 03' 41.0"	33° 06' 6.8"
S89	139	25° 03' 40.5"	33° 06' 8.7"
S90	115	25° 01' 44.5"	33° 03' 25.5"
S91	111	25° 01' 11.9"	33° 02' 21.3"
Wadi Gimal			
S92	490	24° 42' 8.2"	34° 33' 28.7"
S93	482	24° 41' 26.2"	34° 33' 25.5"
S94	468	24° 40' 43.3"	34° 34' 29.3"
S95	441	24° 38' 33.8"	34° 40' 40.2"
S96	271	24° 33' 38.6"	34° 46' 45.2"
S97	228	24° 33' 56.8"	34° 50' 45.6"
S98	221	24° 33' 53.3"	34° 51' 24.1"
S99	217	24° 33' 54.5"	34° 51' 59.6"
S100	203	24° 34' 6.2"	34° 52' 59.5"
S101	190	24° 33' 51.3"	34° 54' 4.1"
S102	154	24° 33' 31.0"	34° 57' 20.8"
S103	139	24° 37' 2.0"	34° 58' 30.5"
S104	128	24° 33' 40.9"	34° 59' 21.8"

Quadro 2: Cont.

St. Não.	Altitude (m asl)	Latitude (N)			Longitude (E)		
Wadi Gimal							
S105	122	24°	35'	9.7"	34°	59'	17.1"
S106	102	24°	35'	48.8"	35	00'	24.4"
S107	87	24°	36'	54.0"	35	00'	36.5"
S108	74	24°	37'	25.9"	35	01'	27.6"
S109	60	24°	34'	57.3"	35	01'	36.5"
S110	40	24°	38'	34.7"	35	02'	30.9"
S111	18	24°	39'	31.8"	35	03'	58.4"
Estrada Qena-Safaga: Parte Oeste							
S112	102	26°	12'	58.4"	32°	44'	49.9"
S113	115	26°	13'	48.4"	32°	45'	17.2"
S114	117	26°	15'	42.9"	32°	46'	54.3"
S115	120	26°	16'	14.6"	32°	47'	35.2"
S116	124	26°	17'	2.5"	32°	48'	26.9"
S117	142	26°	17'	32.7"	32°	48'	59.8"
S118	167	26°	19'	48.8"	32°	54'	10.4"
S119	178	26°	20'	40.4"	32°	56'	54.1"
S120	179	26°	22'	13.3"	33°	00'	49.9"
S121	198	26°	24'	6.4"	33°	04'	55.5"
S122	260	26°	26'	30.8"	33°	08'	18.3"
S123	364	26°	27'	21.8"	33°	12'	1.5"
S124	406	26°	30'	11.5"	33°	18'	40.9"
S125	454	26°	30'	25.8"	33°	19'	34.9"
Autoestrada costeira do Mar Vermelho: Quseir do Norte							
S126	2	26°	12'	45.0"	34°	12'	51.7"
S127	6	26°	14'	41.9"	34°	12'	15.2"
S128	2	26°	20'	31.3"	34°	09'	38.0"
S129	0	26°	21'	36.0"	34°	08'	44.3"
S130	4	26°	23'	49.3"	34°	07'	12.0"
S131	2	26°	27'	1.0"	34°	05'	9.8"
S132	0	26°	29'	50.9"	34°	04'	10.7"
S133	10	26°	32'	45.4"	34°	02'	31.7"
S134	2	26°	34'	17.6"	34°	01'	49.9"
S135	3	26°	36'	54.4"	34°	00'	34.1"

Quadro 2: Cont.

St. Não.	Altitude (m asl)	Latitude (N)	Longitude (E)
Estrada Qena-Safaga: Parte Este			
S136	141	26° 41' 5.8"	33° 46' 4.4"
S137	177	26° 41' 35.3"	33° 43' 20.3
S138	215	26° 41' 50.8"	33° 42' 18.3
S139	723	26° 39' 49.9"	33° 29' 43.8
S140	711	26° 38' 59.8"	33° 28' 30.6
S141	668	26° 37' 58.7"	33° 27' 23.2
S142	646	26° 36' 17.6"	33° 26' 9.2"
S143	599	26° 34' 47.5"	33° 25' 17.9
S144	542	26° 32' 46.6"	33° 22' 58.1
S145	542	26° 31' 12.2"	33° 21' 15.6'

Foi elaborada uma lista de contagem florística dos 142 povoamentos para representar a composição florística em diferentes regiões fitogeográficas do Egito, tendo sido determinada a seguinte distribuição 6 povoamentos na estrada Aswan-Berenice, 6 no Wadi Kharit, 10 no Wadi Natash, 6 na estrada El-Shikh El-Shazly Marsa-Alam, 20 povoamentos no Wadi Gimal e no seu afluente (Wadi Hafafit), 26 povoamentos na estrada Idfu-Marsa Alam, 22 na estrada Qena-Safaga e 46 na costa do Mar Vermelho.

III. Caraterísticas florísticas e grupos funcionais

A composição florística de uma comunidade é uma indicação da coexistência de espécies. Em cada um dos povoamentos estudados, foram registadas notas ecológicas, presença ou ausência de espécies vegetais. Os taxa registados foram classificados de acordo com os quatro grupos funcionais (árvores, arbustos, ervas perenes e ervas anuais). O número de espécies dentro de cada categoria de grupo funcional foi expresso como uma percentagem do número total de espécies na área de estudo. A análise dos intervalos fitogeográficos foi efectuada de acordo com **Abd El-Ghani (1981, 1985) White e Léonard (1991)** e **Khedr (1999)**. A identificação foi efectuada no Herbário da Universidade do Cairo (CAI) e no Herbário da Universidade de Assiut (ASTU), onde foram depositadas. Os nomes das famílias foram atribuídos de acordo com o sítio Web de filogenia das angiospérmicas. **Tackholm (1974)**, **Boulos (1995, 1999, 2000, 2002 e 2005)** e **El-Hadidi e Fayed (1978, 1994/95)** foram utilizados para a nomenclatura de géneros e espécies, as últimas alterações taxonómicas, bem como a atualização dos autores. Uma lista completa das espécies registadas, juntamente com os seus grupos funcionais e fitocoria, foi apresentada no quadro 3.

IV. Recolha e análise do solo

Em cada um dos 142 povoamentos georreferenciados, foram recolhidas 3 amostras de solo (profundidades de 0-20, 20-35 e 35-50 cm). As amostras foram reunidas para formar uma única amostra composta, que foi depois espalhada sobre folhas de papel e deixada a secar ao ar. Os solos secos foram passados por uma peneira de 2 mm e embalados em sacos de papel para análise física e química. Foram recolhidas três amostras de solo em cada povoamento a 0-50 cm de profundidade ou ao nível da rocha-mãe para solos pouco profundos. As três amostras de cada povoamento foram misturadas.

Textura do solo e teor de água

A textura do solo foi determinada utilizando o método de peneiração e calculada como uma percentagem do peso original **(Allen *et al.*, 1974)**. As diferentes fracções das amostras de solo arenoso foram separadas pelo método de peneiração a seco. Um peso conhecido de amostras (100 gm) foi passado através de uma série de peneiras para separar cascalho, areia grossa, areia fina, silte e argila. A quantidade de cada fração foi expressa em percentagem do peso original utilizado (**Ryan *et al.*, 1996**). O teor de água foi determinado por secagem em estufa e calculado em %.

Preparação de extractos de solo:

Os extractos aquosos de 1:5 (relação solo: água com solo seco ao ar) foram preparados de acordo com o protocolo seguido pelo pessoal do Laboratório de Salinidade dos EUA **(Richards, 1954)**. Para este efeito, pesaram-se 20 g de solo seco ao ar num balão de 250 ml, adicionaram-se 100 ml de água destilada e agitou-se durante uma hora. A suspensão foi deixada a repousar durante a noite e, em seguida, a solução sobrenadante foi filtrada e centrifugada a 3000 rpm durante 10 minutos e mantida num congelador para análise química.

1. Determinação da reação do solo (pH)

Os valores de pH do extrato de solo foram determinados por um medidor de pH elétrico (modelo Hanna pH 211) com um elétrodo de vidro numa suspensão de solo/água destilada (1:5). O medidor de pH foi calibrado antes de cada medição.

2. Condutividade eléctrica e sais solúveis totais

Existe uma relação linear entre a condutividade eléctrica (CE) em amostras de extractos de solo e a concentração de sais solúveis. A condutância eléctrica específica das amostras de água foi medida por meio de um condutivímetro (modelo 4310 JEN WAY). Os sais solúveis totais nas amostras de água foram então estimados conforme descrito por **Jackson (1958)**:

TSS= 0,64 × EC mS. cm^{-1}

3. Determinação dos aniões solúveis

a. Cloretos (Cl^-): As concentrações de cloretos nas amostras de extrato de solo foram determinadas pelo método de titulação com nitrato de prata ($AgNO_3$), tal como descrito por **Jackson (1958).**

b. Sulfato (SO_4^{-2}): Os sulfatos foram determinados por uma técnica turbidimétrica como ($BaSO_4$) utilizando cloreto de bário e uma solução ácida de cloreto de sódio utilizando um espetrofotómetro (modelo 1200) de acordo com **Bardsley e Lancaster (1965)**.

c. Bicarbonatos (HCO_3^-): O teor de bicarbonatos nas amostras de extrato de solo foi determinado pelo método de titulação com ácido clorídrico (HCl), tal como descrito por **Jackson (1958).**

4. Determinação dos principais catiões solúveis:

a. Sódio e potássio (Na^+ & K^+): O sódio e o potássio foram determinados pela técnica de emissão de chama (foi utilizado o flamefotómetro Carl-Zeiss DR LANGE M 7 D), que é considerado um método rápido e sensível para a determinação de sódio e potássio **(Williams e Twine, 1960)**.

b. Cálcio e magnésio [Ca^{+2} & Mg^{+2}]: O cálcio e o magnésio foram determinados volumetricamente pelo método de titulação com versos, tal como descrito por **Schwarzenbach e Biedermann (1948)**. O conteúdo de cada ião foi expresso em mg. g^{-1}. d.wt. exceto SO_4^{-2} foi expresso em µg. g^{-1}. d.wt.

5. Determinação da matéria orgânica oxidável (OM%):

A matéria orgânica foi determinada nas amostras de solo pelo método de oxidação com dicromato, de acordo com **Walkley e Black (1934)**.

V. Análise dos dados

1. Análise multivariada

Os objectivos básicos da análise multivariada são (1) resumir grandes conjuntos de dados complexos, (2) ajudar a interpretação ambiental e a geração de hipóteses sobre a variação da comunidade e elucidar o comportamento fitossociológico das espécies comuns, e (3) refinar modelos de estruturas da comunidade **(Moustafa, 1990** e **Ward *et al.*, 1993)**. A fim de obter uma análise eficaz da vegetação e dos factores ambientais relacionados, foram utilizadas técnicas de classificação e de ordenação. Os unicados da flora total foram eliminados do conjunto de dados para evitar o ruído e resumir a redundância **(Gauch, 1982)**.

As análises preliminares foram efectuadas aplicando a opção predefinida da Análise de Correspondência Detrended (DCA; **Hill e Gauch, 1980**) para verificar a magnitude da mudança na composição das espécies ao longo do primeiro eixo [i.e. comprimento do gradiente em unidades de desvio padrão (SD)]. No presente estudo, a DCA estimou que o gradiente de composição nos dados da vegetação era superior a 5,0 unidades SD para o primeiro eixo, pelo que a Análise de Correspondência Canónica (CCA) é o método de ordenação adequado para efetuar a análise direta do gradiente **(Ter Braak, 2003)**. A CCA foi realizada utilizando 17 variáveis ambientais: cascalho, areia grossa, areia fina, silte, argila, matéria orgânica (OM), teor de água (WC), pH, condutividade eléctrica (EC), sais solúveis totais (TSS), sódio, potássio, cálcio, magnésio, cloretos, bicarbonatos e sulfatos.

Foram utilizadas todas as predefinições para a CCA, e foi utilizado um teste de permutação de Monte Carlo (499 permutações; **Ter Braak, 1994)** para testar a significância dos valores próprios do primeiro eixo canónico. As correlações intra-conjunto da CCA foram utilizadas para avaliar a importância das variáveis ambientais.

A. Classificação dos povoamentos

Cada matriz florística foi então submetida a uma classificação utilizando a análise de agrupamento com variância mínima (também designada por método de Ward) como critério de aglomeração **(Orlóci, 1978)**. O método de Ward com variância mínima é um procedimento de agrupamento hierárquico no qual a similaridade usada para unir os agrupamentos é calculada como a soma dos quadrados entre os dois agrupamentos somados sobre todas as variáveis. Minimiza as variáveis dentro das somas de quadrados dos clusters em todas as partições.

Uma matriz de dados florísticos de 142 povoamentos e 94 espécies foi submetida à classificação por análise de agrupamento do programa Community Analysis Package (CAP) versão 1.2 **(Henderson e Seaby, 1999)**, utilizando como critério de aglomeração a matriz de dissimilaridade da distância euclidiana ao quadrado com variância mínima (também chamado de método de Ward) **(Orlóci, 1978)**.

B. Ordenação

O objetivo básico da ordenação é resumir os padrões da comunidade e compará-los com a informação ambiental. Neste estudo, a opção padrão do programa de computador CANOCO versão 3.12 **(Ter Braak, 1987a, 1990)** foi usada para todas as ordenações. Foram utilizados dois tipos de ordenação:

1. Análise indireta do gradiente

A análise indireta do gradiente foi realizada utilizando a Análise de Correspondência Detrended (DCA). A DCA plota os povoamentos contra eixos baseados na composição e abundância das espécies **(Ter Braak, 1994)**. Os povoamentos que são mais semelhantes em termos de estrutura da vegetação (composição e abundância de espécies) são representados como estando mais próximos uns dos outros no diagrama. É de esperar que os povoamentos que diferem em quatro desvios-padrão (4 S.D., as unidades dos eixos) em termos de pontuação não tenham espécies em comum **(Ter Braak, 1987b)**. A DCA ordena ambas as amostras em termos de espécies e as espécies em termos de amostras em que ocorrem a partir da mesma matriz de dados bidirecional e plota os mesmos resultados no mesmo conjunto de eixos. São apresentados quatro eixos principais, dos quais dois ou três podem ser utilizados para produzir o plano de ordenação. Normalmente, os dois primeiros eixos representam a maior proporção da variabilidade no conjunto de dados, expressa em termos de valores próprios. Foram efectuadas análises preliminares aplicando as opções por defeito da Análise de Correspondência Detrended (DCA; **Hill e Gauch, 1980)** no programa CANOCO, para verificar a magnitude da mudança na composição das espécies ao longo do primeiro eixo de ordenação (i.e., comprimento do gradiente em unidades de desvio padrão). A DCA estimou que o gradiente de composição nos dados de vegetação do presente estudo era superior a 5,0 unidades de S.D. para todas as análises de subconjuntos, pelo que a Análise de Correspondência Canónica (CCA) é o método de ordenação adequado para efetuar a análise direta do gradiente **(Ter Braak e Prentice, 1988)**. **Ter Braak (1986)** sugeriu a utilização conjunta da DCA e da CCA para verificar em que medida a variação dos dados relativos às espécies é explicada pelos dados ambientais.

2. Análise direta do gradiente

A Análise de Correspondência Canónica (CCA) é uma técnica de análise multivariada desenvolvida para relacionar a composição da comunidade com a variação conhecida no ambiente. Em CANOCO, os eixos de ordenação são escolhidos à luz de variáveis ambientais conhecidas, impondo a restrição extra de que os eixos sejam combinações lineares de variáveis ambientais, ou seja, análise de gradiente direto **(Ter Braak, 1986)**. A análise de gradiente direto é aquela em que a composição das espécies está direta e imediatamente relacionada com as variáveis ambientais medidas. O algoritmo mais comum para a CCA envolve a adição de etapas à CA. Os novos passos são adicionados para tirar partido de dados suplementares sob a forma de variáveis ambientais. É efectuada uma regressão linear múltipla de mínimos quadrados com as pontuações dos sítios (determinadas a partir de médias ponderadas das espécies) como variáveis dependentes e as variáveis ambientais como variáveis independentes. As pontuações dos novos sítios são então atribuídas como o valor previsto usando a equação de regressão.

As relações entre os gradientes de vegetação e as variáveis ambientais estudadas podem ser indicadas no diagrama de ordenação produzido pela CCA (biplot ou controids). As variáveis nos biplots CCA são representadas por setas que apontam na direção da variação máxima, sendo o seu comprimento proporcional à taxa de variação **(Ter Braak, 1986)**. Cada seta determina um eixo no qual o ponto da espécie pode ser projetado. Quando os pontos da parcela são projectados perpendicularmente às setas (prolongadas), a sua ordem representa aproximadamente a classificação das médias ponderadas em relação aos valores dos factores envolvidos. Um teste de permutação de Monte Carlo (499 permutações; **Ter Braak, 1990**) é utilizado para testar a significância dos valores próprios do primeiro eixo canónico. A utilização de coeficientes canónicos para determinar a significância de uma variável ambiental é indesejável porque podem ser instáveis. As correlações intrassetoriais das CCAs são, portanto, utilizadas para avaliar a importância das variáveis ambientais. Também foi desenvolvida uma técnica de análise CCA para relacionar os quatro grupos funcionais estimados com os gradientes do solo, a fim de elucidar a resposta destes grupos funcionais ao seu ambiente.

0kland (1996) resumiu as vantagens da utilização da análise de ordenação restrita da seguinte forma:

1) Acesso fácil através do pacote de programas CANOCO.

2) Consciência crescente dos defeitos de uma técnica de ordenação disponível.

3) O seu apelo intuitivo ao relacionar a variação da vegetação diretamente com factores ambientais.

4) Contornar o fastidioso processo de interpretação necessário para a ordenação.

5) Acesso fácil a parcelas conjuntas (com espécies e/ou amostras e vectores que representam a direção da mudança máxima em cada variável externa) no CANODRAW, um programa de plotagem emitido com o CANOCO.

2. Análise de variância unidirecional

Os grupos de vegetação resultantes da análise de agrupamento foram submetidos a uma ANOVA (One-Way Analysis of Variance) com base nas variáveis do solo para determinar se existem variações significativas entre os agrupamentos de vegetação identificados de acordo com a técnica de Ward, utilizando o SPSS v16.0 **(SPSS, 1999)**. A análise de variância permite conhecer a natureza da variação dos fenómenos naturais, o que é possivelmente de maior valor do que o conhecimento do método em si **(Sokal e Rohlfs, 1981)**. A ANOVA também foi aplicada para revelar a significância entre as distribuições dos grupos funcionais dentro dos transectos estudados.

3. Diversidade de espécies

A diversidade de espécies dentro de cada grupo de vegetação separado (clusters) foi avaliada utilizando dois índices diferentes que expressam a riqueza e a diversidade de espécies. A riqueza de espécies (alfa-diversidade) foi calculada como o número médio de espécies por povoamento que mede a rotação de espécies entre diferentes áreas, foi determinada de acordo com **Magurran (2003)**. A diversidade de espécies foi calculada através do índice de Shannon-Wiener:

$$\mathbf{H = -\sum_{i=1}^{(s)} P_i Log_2 P_i}$$

onde *S* é o número total de espécies e Pi é a cobertura relativa das espécies **(Whittaker, 1972 e Pielou, 1975)** que reflecte a distribuição das espécies nos diferentes habitats da área de estudo. A relação entre os índices de diversidade e as diferentes variáveis do solo foi estimada utilizando o coeficiente de correlação de Spearman **(Anon, 1993)**. Este tipo de correlação foi também aplicado aos grupos funcionais.

4. Ocorrência de espécies (valor Q)

As espécies vegetais recolhidas foram ordenadas de acordo com o seu valor Q. A análise das áreas fitogeográficas foi efectuada de acordo com **Wickens (1976)**. Das presentes recolhas resultaram cerca de 13.348 entradas de dados (142 stands 94 espécies). Para determinar o grau de ocorrência de cada espécie na área de estudo, foi calculado um valor Q **(Danin *et al.*, 1985)** a partir da fórmula: Q = número de registros de uma espécie X número total de espécies/13.348. Assim, para cada uma das espécies recolhidas, foram fornecidos os seguintes dados: nome da espécie sob o seu grupo funcional, corologia, distribuição em sectores, valor Q e símbolos de ocorrência (D. = dominante, valor Q $\geq$ 0.2; V.C. = muito comum, Q-valor 0.1- 0.199; C. = comum, Q-valor 0.05-0.099; O. = espécies ocasionais ou raras, Q-valor 0.01-0.049; e S. = esporádicas ou muito raras na área de estudo, Q-valor $\leq$ 0.01). As espécies de plantas coletadas foram organizadas de acordo com seu valor de Q.

5. Comparação florística

Finalmente, para discutir a semelhança e a variação florística, bem como as afinidades biogeográficas entre as metades norte e sul do deserto oriental do Egito, foram feitas comparações da composição florística e dos elementos geográficos entre a área de estudo e a parte norte, utilizando listas de verificação actualizadas das respectivas floras.

24/01/2011

RESULTADOS (Parte 1):

Composição florística da área de estudo

A. Análise Florística

No total, 94 espécies (62 perenes e 32 anuais) em 76 géneros e 33 famílias constituíam a flora da área de estudo (Tabela 3). Cerca de mais de metade (50 espécies; 53,2%) destas espécies pertenciam a 6 famílias: Asteraceae, Zygophyllaceae, Fabaceae, Poaceae, Chenopodiaceae e Brassicaceae (Tabela 3, Figura 5). A maior família foi Asteraceae (7 géneros e 10 espécies), seguida de Zygophyllaceae (5 géneros, 10 espécies), Fabaceae (7 géneros, 9 espécies), Poaceae (8 géneros, 8 espécies), Chenopodiaceae (6 géneros, 8 espécies) e Brassicaceae (5 géneros, 5 espécies). As famílias moderadamente representadas foram Asclepiadaceae, Boraginaceae, Capparaceae, Euphorbiaceae, Mimosaceae, Resedaceae, Caryophyllaceae, Palmae e Tamaricacea. As restantes 18 famílias eram mono-genéricas e também mono-específicas. Estas famílias eram Amaranthaceae (*Aerva javanica*), Asphodelaceae (*Asphodelus tenuifolius*), Avicenniaceae (*Avicennia marina*), Convolvulaceae

(*Convolvulus hystrix*), Cucurbitaceae (*Citrullus colocynthis*), Cyperaceae (*Cyperus rotundus*), Geraniaceae (*Monsonia heliotropioides*), Juncaceae (*Juncus rigidus*), Malvaceae (*Malva parviflora*), Moringaceae (*Moringa peregrina*), Molluginaceae (*Glinus lotoides*), Nitrariaceae (*Nitraria retusa*), Orobanchaceae (*Cistanche phelypaea*), Plumbaginaceae (*Limonium axillare*), Rhamnaceae (*Ziziphus spina-christi*), Salvadoraceae (*Salvadora persica*), Typhaceae (*Typha domingensis*) e Urticaceae (*Forsskaolea tenacissima*).

Quadro 3: Lista florística das espécies registadas na área de estudo.

Famílias	Espécies
Amaranthaceae	*Aerva javanica* (Burm. F.) Juss. ex Schult.
Asclepiadáceas	*Calotropis procera* (Aiton) W. T. Aiton *Leptadenia pyrotechnica* (Forssk.) Decne. *Oxystelma esculentum* (L.F.) R. Br. *Pergularia tomentosa* L.
Asphodelaceae	*Asphodelus tenufolius* Cav.
Asteraceae	*Artemisia judaica* L. *Cotula cinerea* Delile *Filago desertorium* Pomel *Iphiona mucronata* (Forssk.) Asch. & Schweinf. *Launaea amal-aminae* N. Kilian *L. capitata* (Spreng.)Dandy *L. nudicaulis* (L.) Hook. F. *Pulicaria incisa* (Lam.) DC. *P. undulata* (L.) C. A. Mey *Sonchus oleraceus* L.
Avicenniaceae	*Avicennia marina* (Forssk.) Vierh.
Boragináceas	*Arnebia hispidissima* (Lehm.) DC. *Echium horridium* Batt. *Heliotropium bacciferum* Forssk. *Trichodesma africanum* (L.) R. Br.
Brassicaceae	*Eremobium aegyptiacum* (Spreng.) Asch. & *Farsetia stylosa* R. Br. *Morettia philaeana* (Delile) DC. *Schouwia purpurea* (Forssk.) Schweinf. *Zilla spinosa* (L.) Prantl.
Capparáceas	*Capparis decidua* (Forssk.) Edgew. *Capparis spinosa* L. *Cleome amblyocarpa* Barratte &Murb. *C. droserifolia* (Forssk.) Delile
Caryophyllaceae	*Polycarpaea repens* (Forssk.) Asch. & Schweinf. *P. robbairea* (Kuntze) Greuter & Burdet
Chenopodiaceae	*Arthrocnemum macrostachyum* (Moric.) K. Koch *Atriplex leucoclada* Boiss. *Chenopodium album* L. *Ch. murale* L. *Cornulaca monacantha* Delile *Caroxylon imbricatum* (Forssk.) Akhani & E. H. *Caroxylon villosum* (Schult.) Akhani & E. H. *Suaeda monoica* Forssk. ex J. F. Gmel.

Convolvuláceas	*Convolvulus hystrix* Vahl
Cucurbitáceas	*Citrullus colocynthis* (L.) Schrad.
Cyperaceae	*Cyperus rotundus* L.

Quadro 3: Cont.

Euphorbiaceae	*Chrozophora oblongifolia* (Delile) Spreng. *Euphorbia granulata* Forssk. *Ricinus communis* L.
Geranáceas	*Monsonia heliotropoides* (Cav.) Boiss.
Juncaceae	*Juncus rigidus* Desf.
Malvaceae	*Malva parviflora* L.
Mimosáceas	*Acacia nilotica* (L.) Delile *A. tortilis* (Forssk.) Hayne subsp. *raddiana* (Savi)
Moringaceae	*Moringa peregrina* (Forssk.) Fiori
Molluginaceae	*Glinus lotoides* L.
Nitrariaceae	*Nitraria retusa* (Forssk.) Asch.
Orobanchaceae	*Cistanche phelypaea* (L.) Cout.
Palmae	*Hyphaene thebaica* (L.) Mart. *Phoenix dactylifera* L.
Fabáceas	*Astragalus eremophilus* Boiss. *A. vogelii* (Webb.) Bornm. *Crotalaria aegyptiaca* Benth. *Hippocrepis constricta* Knuze *Lotus hebranicus* Hochst. ex Brand *Lupinus digitatus* Forssk. *Senna holocericea* (Freseu) Greuter *S. italica* Mill *Taverniera aegyptiaca* Boiss
Plumbaginaceae	*Limonium axillare* (Forssk.) Kuntze
Poaceae	*Aeluropus littoralis* (Gouan) Parl. *Cynodon dactlyon* (L.) Pers. *Dichanthum annulatum* (Forssk.) Stapf *Imperata cylindrica* (L.) Raeusch *Leptochloa fusca* (L.) Kunth *Panicum turgidum* Forssk. *Phragmites australis* (Cav.) Trin. ex. Steud. *Stipagrostis plumosa* (L.) Munro ex T. Anderson
Resedáceas	*Ochradenus baccatus* Delile *Oligomeris linifolia* (Vahl.) ex Hornew J. F. *Reseda pruinosa* Delile
Rhamnaceae	*Ziziphus spina-christi* (L.) Desf.
Salvadoraceae	*Salvadora persica* L.
Tamaricáceas	*Tamarix aphylla* (L.) H. Karst. *T. nilotica* (Ehreub.) Bunge
Typhaceae	*Typha domingensis* (Pers.) Poir. ex Steud.
Urticáceas	*Forsskaolea tenacissima* L.

Quadro 3: Cont.

Zygophyllaceae	*Balanites aegyptiaca* (L.) Delile *Fagonia bruguieri* DC *F. indica* Burm. f. *F. mollis* Delile *F. thebaica* Boiss. *Tribulus megistopterus* Kralik *Tribulus pentandrus* Forssk. *Zygophyllum album* L. *Z. coccineum* L. *Tetraena simplex* (L.) Beier & Thulin

22/01/2011

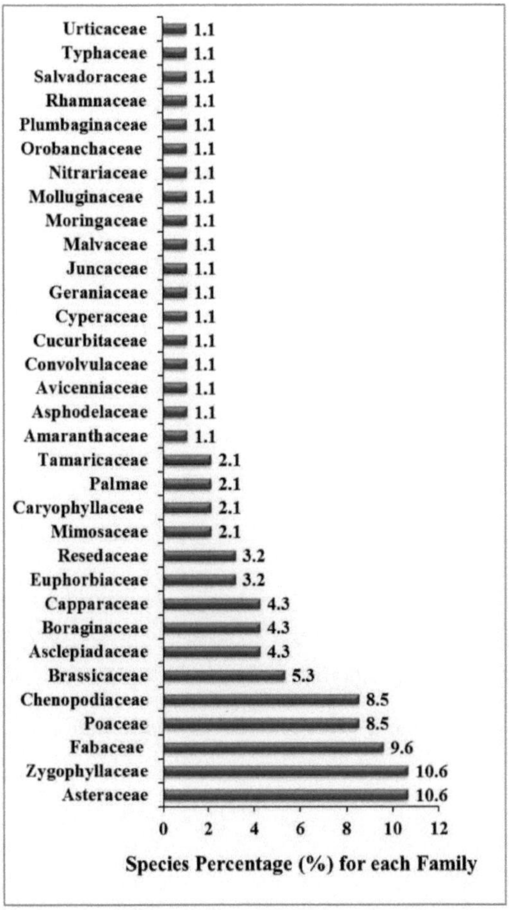

Figura 5: Histograma mostrando a percentagem das espécies em cada uma das 33 famílias registadas na área de estudo

B. Espécie Duração

A figura (6) mostra que cerca de 66% do total das espécies registadas são perenes (62 espécies), demonstrando um certo grau de constância, enquanto os outros 34% são anuais (32 espécies). É certo que as espécies perenes constituem a espinha dorsal da flora registada.

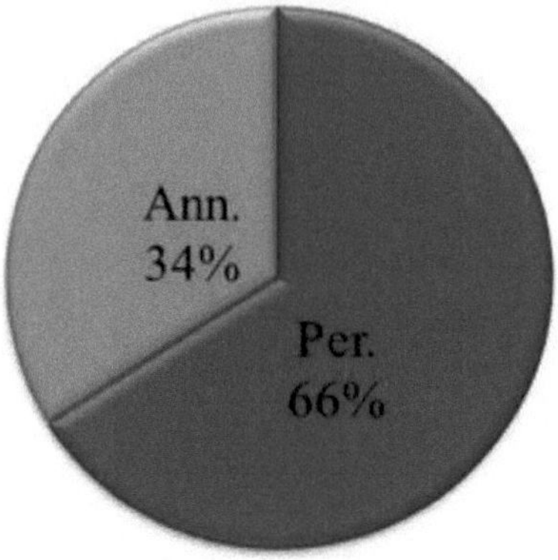

Figura 6: Análise da duração das espécies registadas na área de estudo. Ann. = Anuais e Per. = Perenes.

C. Afinidades corológicas

O espetro corológico das espécies registadas foi ilustrado na figura (7). As espécies cosmopolitas, paleotropicais e pantropicais constituíram 12,8% da flora total (Tabela 4).

Espécies cosmopolitas: *Chenopodium murale, Ch. Album, Sonchus oleraceus* e *Cynodon dactylon foram* registados como taxa cosmopolitas, constituindo 4,26% das espécies registadas.

Espécie pantropical: *Phragmites australis. Ricinus communis, Imperata cylindrica, Cyperus rotundus* e *Typha domingensis* foram as espécies pantropicais registadas na área de estudo, representando 5,3 % das espécies registadas.

Espécies paleotropicais: Três espécies (3,2% das espécies registadas) representam esta região florística. Trata-se de *Dichanthum annulatum, Glinus lotoides* e *Leptochloa fusca.*

Espécies mono-regionais: O corótipo monoregional Saharo-Árabe estava bem representado (35 espécies) na área de estudo. Estas foram *Zilla spinosa, Morettia philaeana, Caroxylon imbricatum, Zygophyllum coccineum, Acacia tortilis* subsp. *raddiana, Fagonia indica, F. mollis, F. thebaica, Pulicaria incisa, P. undulata, Schouwia purpurea, Aerva javanica, Astragalus eremophilus, A. vogelii, Nitraria retusa, Ochradinus baccatus, Monsonia heliotropoides, Pergularia tomentosa,*

Polycarpaea repens, P. robbairea, Convolvulus hystrix, Eremobium aegyptiacum, Avicennia marina, Cornulaca monacantha, Iphiona mucronata, Launaea amal-aminae, L. capitata, Senna holocericea, Echium horridium, Ziziphus spina-christi, Arnebia hispidissima, Heliotropium bacciferum, Artimisia judaica, Reseda pruinosa e *Taverniera aegyptiaca.*

Tabela (4): Análise corológica das espécies registadas na área de estudo. Abreviaturas dos corótipos: SA= Saharo-Árabe, SZ= Sudano-Zambeziano, M= Mediterrânico, IT= Irano-Turaniano, ES= Euro-Siberiano, SU= Sudaniano, GC= Gueno-Cungo, COSM= Cosmopolita, PAN= Pantropical, PAL= Paleotropical.

Corótipo	Número de	% de flora total
COSM	4	4.3
PAL	3	3.2
PAN	5	5.3
Subtotal	**12**	**12.8**
Monoregional		
M	2	2.1
SA	35	37.2
TI	1	1.1
SU	1	1.1
SZ	1	1.1
Subtotal	**40**	**42.6**
Biregional		
M+IT	1	1.1
M+SA	2	2.1
SA+IT	7	7.4
SA+SZ	18	19.1
SZ+GC	2	2.1
Subtotal	**30**	**31.8**
Pluriregiona		
M+ES+IT	1	1.1
M+SA+IT	10	10.6
M+SA+SZ	1	1.1
Subtotal	**12**	**12.8**
TOTAL	**94**	**100**

As outras plantas monoregionais pertenciam ao Sudão-Zambeziano (*Crotalaria aegyptiaca*); ao Sudão (*Acacia nilotica* e *Trigonella hamosa*); ao Mediterrâneo (*Lotus hebranicus* e *Lupinus digitatus*); e ao Irão-Turão (*Cotula cinerea*).

Espécies birregionais: Trinta espécies (cerca de 32% da flora) eram elementos bi-regionais distribuídos em 8 fitocoria. Dezoito espécies pertenciam à região Saharo-Árabe+Sudano-Zambeziana; Neste tipo de fitocoria, *Tetraena* simplex, *Balanites aegyptiaca, Leptadenia pyrotechnica, Calotropis procera, Salvadora persica,*

Limonium axillare, Hyphaene thebaica, Phoenix dactylifera, Capparis decidua, Farsetia stylosa, Senna italica, Trichodesma africanum, Oligomeris linifolia, Forsskaolea tenacissima, Tribulus megistopterus, T. pentandrus, Cleome amblyocarpa e *Suaeda monoica* (quadro 6).

As sete espécies Saharo-Árabes+Irano-Turanianas (7,45% das espécies registadas) foram *Atreplix leucoclada, Cleome droserifolia, Tamarix aphylla, Tamarix nilotica, Launaea nudicaulis, Filago desertorum* e *Fagonia bruguieri.* O corótipo Mediterrânico+Saharo-Árabe foi representado por 2 espécies (*Panicum turgidum* e *Chrozophora oblongifolia*). *Moringa peregrina* e *Oxystelma esculentum* pertenciam ao Sudão-Zambeziano+Guineo-Congo.

Espécies pluri-regionais: Cerca de 12.8 % das espécies registadas (12 espécies) eram pluri-regionais, com uma vasta gama de distribuição geográfica. Foram elas: *Citrullus colocynthis, Zygophyllum album, Malva parviflora, Asphodelus tenufolius, Arthrocnemum macro stachyum, Euphorbia granulata, Hippocrepis constricta, Juncus rigidus, Capparis spinosa, Caroxylon villosum, Stipagrostis plumosa* e *Cistanche phelypaea.*

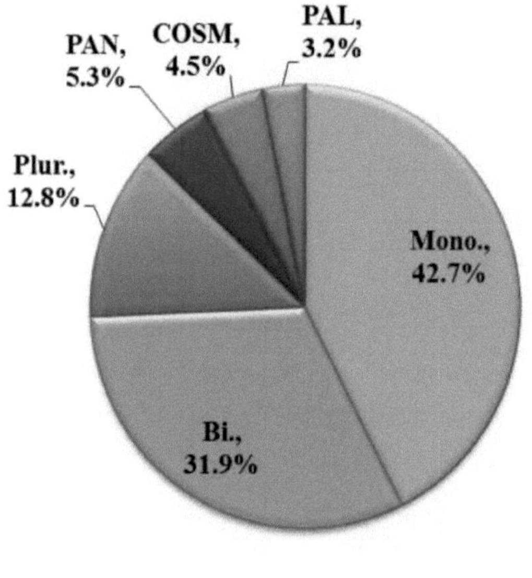

Figura 7: Análise corológica das espécies registadas na área de estudo. Mono= Monoregional, Bi= Biregional, Plur.= Pluriregional, COSM= Cosmopolita, PAN=

Pantropical e PAL= Paleotropical.

D. Padrões gerais de distribuição das espécies

O número total de espécies registadas variou em cada um dos transectos estudados: 46, 35, 52 e 46 para T1, T2, T3 e T4, respetivamente. A distribuição dos grupos funcionais identificados em cada transecto foi apresentada na figura (8). Pode observar-se que predominaram os arbustos (37 espécies, 39,4%), seguidos das ervas anuais (32 espécies, 34%), das árvores (13 espécies, 13,8%) e das ervas perenes (12 espécies, 12,8%). Entre os transectos, as árvores e as ervas perenes estavam representadas por poucas espécies: as árvores estavam bem representadas em T1, T3 e T4, enquanto as ervas perenes estavam igualmente representadas em T1 e T4. Enquanto as ervas anuais mostraram dominância em T3, os arbustos sobrepõem-se a outros grupos funcionais nos outros 3 transectos (Figura 8). Notavelmente, foram registadas poucas gramíneas (Poaceae) nos transectos (5, 2, 1, 5 espécies em T1, T2, T3 e T4, respetivamente), enquanto os arbustos dominaram (17, 15, 20 e 23 espécies em T1, T2, T3 e T4, respetivamente).

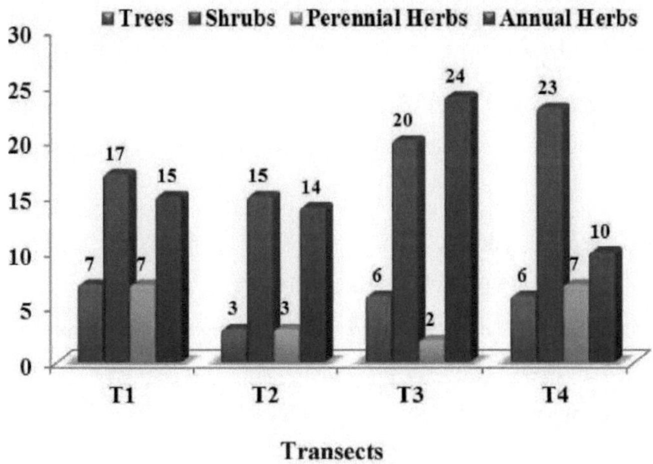

Figura 8: Números de espécies em diferentes grupos funcionais nos transectos estudados.

Como mostra a tabela (5); a distribuição dos grupos funcionais nos transectos estudados mostrou uma diferença significativa (F-value=3,11, *P=0*,032) para o transecto do Mar Vermelho (T4) entre os outros (F-value = 0,92, *P* = 0,44, F-value = 0,51, *P* = 0,68, e F-value = 0,65, P = 0,58 para T1, T2 e T3, respetivamente).

Tabela 5: Valores médios, desvios-padrão (DP) e valores ANOVA da distribuição dos grupos funcionais nos quatro transectos: T1= Qena- Safaga, T2= Idfu-Marsa Alam, T3= Aswan-Kharit-Gimal, e T4= Costa do Mar Vermelho.

Transectos	Grupos funcionais				Valor F	*P*
	Anual Ervas	Perene Ervas	Arbustos	Árvores		
T1	4.53±7.39	6.42±7.86	9.58±17.93	6.28±8.21	0.918	0.436
T2	7.03±13.59	3.58±10.21	9.46±20.81	4.94±12.91	0.507	0.679
T3	7.06±8.93	3.63±9.65	5.88±12.73	10.20±19.25	0.655	0.582
T4	1.50±2.84	2.72±3.82	5.99±8.32	6.02±9.76	**3.113***	**0.03**

Em termos de grupos funcionais, a distribuição das espécies nos transectos estudados foi demonstrada na tabela (6). As 13 árvores eram *Acacia tortilis* subsp. *raddiana, Tamarix aphylla, T. nilotica, Balanites aegyptiaca, Phoenix dactylifera, Ziziphus spina-christi, Avicennia marina, Acacia nilotica, Hyphaene thebaica, Calotropis procera, Capparis decidua, Moringa peregrina* e *Ricinus communis.* As duas primeiras espécies não foram registadas em Qena-Safaga (T1), enquanto *Calotropis procera* não foi encontrada no transecto do Mar Vermelho (T4). No entanto, *Ziziphus spina- christi, Ricinus communis, Acacia nilotica* e *Moringa peregrina* foram registadas apenas no primeiro transecto. Entretanto, *Avicennia marina* era a árvore da vegetação mangal do Mar Vermelho (T4).

O grupo funcional mais representado foi o dos arbustos (37 espécies). As espécies amplamente distribuídas foram *Zygophyllum coccineum, Lotus hebranicus, Zilla spinosa, Caroxylon imbricatum, Aerva javanica* e *Leptadenia pyrotechnica* que ocorreram em todos os transectos. *Pulicaria undulata, Panicum turgidum* e *Suaeda monoica* estavam ausentes apenas no transecto Qena-Safaga (T1). No transecto Idfu-Marsa Alam (T2), *Ochradenus baccatus* e *Cleome droserifolia* não estavam representados. Além disso, *Fagonia thebaica* não foi representada em T3. *Convolvulus hystrix* e *Fagonia indica* foram registados em T3 e T4, e *Heliotropium bacciferum* foi encontrado em T2 e T4. *Pergularia tomentosa, Farsetia stylosa, Senna italica* e *Pulicaria incisa* estavam completamente ausentes em T4.

Por outro lado, os arbustos *Caroxylon villosum, Artemisia judaica, Atriplex leucoclada, Chrozophora oblongifolia, Fagonia mollis* e *F. bruguieri* foram representados apenas no transecto norte (T1). *Zygophyllum album, Nitraria retusa, Limonium axillare, Crotalaria aegyptiaca, Arthrocnemum macrostachyum, Cornulaca monacantha, Taverniera aegyptiaca* e *Capparis spinosa* estavam confinados ao transecto do Mar Vermelho (T4). Três arbustos (*Senna holosericea, Salvadora persica* e *Oxystelma esculentum*) foram confinados ao sector sul (transecto Aswan- Kharit-Gimal; T3), *Iphiona mucronata* não foi recolhida em nenhum transecto exceto T2.

Quatro ervas perenes (*Aeluropus littoralis, Juncus rigidus, Leptochloa fusca* e *Cyperus rotundus*) mostraram uma consistência com o transecto do Mar Vermelho (T4). Pelo contrário, *Citrullus colocynthis* foi representado em todos os transectos exceto (T4), assim como *Phragmites australis* e *Monsonia heliotropioides* não representados em T3 e T1, respetivamente. *Cynodon dactylon* estava completamente ausente em T2 e T3. No transecto norte (T1), *Imperata cylindrica, Stipagrostis plumosa, Dichanthum annulatum* e *Typha domingensis* apresentaram um certo grau de fidelidade a este transecto (Quadro 6).

Três ervas anuais (9,4% das ervas anuais registadas) tiveram uma ampla distribuição (ocorreram em todos os transectos) e foram *Astragalus vogelii, Polycarpaea repens* e *Tetraena simplex.* Para além de T4, seis espécies foram representadas nos outros transectos, incluindo *Morettia philaeana, Forsskaolea tenacissima, Schouwia purpurea, Cotula cinerea, Trichodesma africanum* e *Eremobium aegyptiacum.* O transecto Aswan-Kharit-Gimal (T3) foi caracterizado por *Astragalus eremophilus, Hippocrepis constricta, Lupinus digitatus, Launaea amal-aminae, L. capitata, Polycarpaea robbairea* e *Glinus lotoides*, que não foram registados noutros locais (quadro 6). Havia 4 ervas anuais, das 10 espécies representadas em dois transectos, concentradas em T2 e T3 (Idfu-Marsa Alam e Assuão-Kharit-Gimal), e eram *Asphodelus tenuifolius, Tribulus pentandrus, Cleome amblyocarpa* e *Euphorbia granulata.* O Mar Vermelho partilhou com T3 a presença de *Launaea nudicaulis, Malva parviflora* e *Reseda pruinosa.* Finalmente, o transecto Qena-Safaga (T1) partilhou com um dos outros transectos 3 ervas anuais. Por outras palavras, *Arnebia hispidissima* estava representada em T1 e T4, *Cistanche phelypaea* tinha sido registada em T1 e T2 e *Tribulus megistopterus* estava em T1 e T3.

Tabela 6: Composição de espécies dos 4 transectos classificadas de acordo com os diferentes grupos funcionais, juntamente com os seus valores de presença (P%), corologia, valores de Q e ocorrências. Transectos: T1= Qena-Safaga, T2= Idfu-Marsa Alam, T3= Assuão-Kharit-Gimal e T4= Costa do Mar Vermelho. Choro= Corologia (SA= Saharo-Árabe, SZ= Sudano-Zambeziano, M= Mediterrânico, IT= Irano-Turaniano, ES= Euro-Siberiano, SU= Sudaniano, GC= Gueno-Cungo, COSM= Cosmopolita, PAN= Pantropical, PAL= Paleotropical). Occ= Ocorrência (D=Dominante, VC=Muito comum, C=Comum, O=Ocasional, S=Esporádica).

Espécies	**P% para cada transecto**				**Choro**	**Valor Q**	**Ocasião**
	T1	**T2**	**T3**	**T4**			
Espécies presentes em todos os transectos							
Arbustos							
Zilla spinosa (L.) Prantl.	81.8	96.4	73.9	15.2	SA	0.61	D
Zygophyllum coccineum L.	59.1	3.6	8.7	30.4	SA	0.23	D
Caroxylon imbricatum (Forssk.) Akhani & E. H. Roalson	45.5	67.9	2.2	2.2	SA	0.22	D
Lotus hebranicus Hochst. ex Brand	13.6	14.3	17.4	13	M	0.15	VC
Aerva javanica (Burm. F.) Juss ex Schult.	18.2	25	8.7	4.3	SA	0.12	VC
Leptadeniapyrotechnica (Forssk.) Decne.	18.2	7.1	6.5	2.2	SA+SZ	0.07	C
Ervas anuais							
Astragalus vogelii (Webb.) Bornm.	9.1	21.4	13	6.5	SA	0.12	VC
Tetraena simplex (L.) Beier & Thulin	9.1	28.6	8.7	2.2	SA+SZ	0.11	VC
Polycarpaea repens (Forssk.) Asch. & Schweinf.	4.5	3.6	4.3	6.5	SA	0.05	C
Espécies presentes em três transectos							
Árvores							
Acacia tortilis (Forssk.) Hayne subsp. *raddiana* (Savi) Brenan	0	46.4	65.2	17.4	SA	0.36	D
Tamarix aphylla (L.) H. Karst.	0	10.7	26.1	17.4	SA+IT	0.16	VC
T. nilotica (Ehreub.) Bunge	18.2	0	4.3	30.4	SA+IT	0.14	VC

Calotropis procera (Aiton) W. T. Aiton	4.5	7.1	6.5	0	SA+SZ	0.04	O
Arbustos							
Fagonia thebaica Boiss.	18.2	46.4	0	2.2	SA	0.13	VC
Pulicaria undulata (L.) C. A. Mey	0	39.3	10.9	2.2	SA	0.12	VC
Panicum turgidum Forssk.	0	3.6	15.2	8.7	M+SA	0.08	C
Ochradenus baccatus Delile	18.2	0	2.2	6.5	SA	0.06	C
Pergularia tomentosa L.	13.6	10.7	2.2	0	SA	0.05	C
Suaeda monoica Forssk. ex J. F. Gmel	0	7.1	2.2	6.5	SA+SZ	0.04	O
Cleome droserifolia (Forssk.) Delile	4.5	0	4.3	6.5	SA+IT	0.04	O
Ervas perenes							
Citrullus colocynthis (L.) Schrad.	22.7	35.7	32.6	0	M+SA+IT	0.21	D
Phragmites australis (Cav.) Trin. ex Steud.	18.2	3.6	0	13	PAN	0.08	C
Monsonia heliotropioides (Cav.) Boiss.	0	3.6	10.9	2.2	SA	0.05	C
Ervas anuais							
Morettia philaeana (Delile) DC.	31.8	60.7	39.1	0	SA	0.3	D
Schouwiapurpurea (Forssk.) Schweinf.	9.1	35.7	8.7	0	SA	0.11	VC
Trichodesma africanum (L.) R. Br.	22.7	25	4.3	0	SA+SZ	0.1	VC
Cotula cinerea Delile	9.1	3.6	19.6	0	TI	0.09	C
Forsskaolea tenacissima L.	18.2	3.6	6.5	0	SA+SZ	0.06	C
Eremobium aegyptiacum (Spreng.) Asch. & Schweinf. ex Boiss.	4.5	10.7	2.2	0	SA	0.04	O
Espécies presentes em dois transectos							
Árvores							
Phoenix dactylifera L.	22.7	0	0	2.2	SA+SZ	0.04	O
Arbustos							
Farsetia stylosa R. Br.	0	10.7	17.4	0	SA+SZ	0.08	C
Pulicaria incisa (Lam.) DC.	27.3	0	4.3	0	SA	0.06	C
Senna italica Moinho	0	3.6	17.4	0	SA+SZ	0.06	C
Convolvulus hystrix Vahl	0	0	2.2	8.7	SA	0.04	O
Fagonia indica Burm. F.	0	0	6.5	2.2	SA	0.03	O
Heliotropium bacciferum Forssk.	0	7.1	0	2.2	SA	0.02	O

Quadro 6: Cont.

Espécies	**P% para cada transecto**				**Choro**	**Valor Q**	**Ocasião**
	T1	**T2**	**T3**	**T4**			
Ervas perenes							
Cynodon dactylon (L.) Pers.	13.6	0	0	4.3	COSM	0.04	O
Ervas anuais							
Launaea nudicaulis (L.) Hook. F.	0	0	13	8.7	SA+IT	0.07	C
Asphodelus tenuifolius Cav.	0	7.1	15.2	0	M+SA+IT	0.06	C
Tribulus pentandrus Forssk.	0	14.3	10.9	0	SA+SZ	0.06	C
Malva parviflora L.	0	0	2.2	10.9	M+ES+IT	0.04	O
Cleome amblyocarpa Barratte & Murb.	0	3.6	10.9	0	SA+SZ	0.04	O
Arnebia hispidissima (Lehm.) DC.	4.5	0	0	4.3	SA	0.02	O
Euphorbia granulata Forssk.	0	3.6	4.3	0	M+SA+IT	0.02	O
Reseda pruinosa Delile	0	0	2.2	2.2	SA	0.01	O
Cistanche phelypaea (L.) Cout.	4.5	3.6	0	0	M+SA+IT	0.01	O
Tribulus megistopterus Kralik	4.5	0	2.2	0	SA+SZ	0.01	O
Espécies presentes num transecto							
Árvores							
Balanites aegyptiaca (L.) Delile	0	0	28.3	0	SA+SZ	0.09	C
Ziziphus spina-christi (L.) Desf.	18.2	0	0	0	SA	0.03	O

Avicennia marina (Forssk.) Vierh.	0	0	0	8.7	SA	0.03	O
Ricinus communis L.	9.1	0	0	0	PAN	0.01	O
Acacia nilotica (L.) Delile	4.5	0	0	0	SU	0.007	S
Capparis decidua (Forssk.) Edgew.	0	0	2.2	0	SA+SZ	0.007	S
Hyphaene thebaica (L.) Mart.	0	0	0	2.2	SA+SZ	0.007	S
Moringa peregrina (Forssk.) Fiori	4.5	0	0	0	SZ+GC	0.007	S
Arbustos							
Zygophyllum album L.	0	0	0	26.1	M+SA+IT	0.08	C
Nitraria retusa (Forssk.) Asch.	0	0	0	26.1	SA	0.08	C
Limonium axillare (Forssk.) Kuntze	0	0	0	21.7	SA+SZ	0.06	C
Crotalaria aegyptiaca Benth.	0	0	0	10.9	SZ	0.04	O

Quadro 6: Cont.

Espécies	P% para cada transecto				Choro	Valor Q	Ocasião
	T1	T2	T3	T4			
Arthrocnemum macrostachyum (Morie.) K. Koch	0	0	0	13	M+SA+IT	0.04	O
Salvadora persica L.	0	0	8.7	0	SA+SZ	0.03	O
Cornulaca monacantha Delile	0	0	0	6.5	SA	0.02	O
Artemisia judaica L.	9.1	0	0	0	SA	0.01	O
Senna holosericea (Freseu) Greuter	0	0	4.3	0	SA	0.01	O
Fagonia mollis Delile	9.1	0	0	0	SA	0.01	O
Iphiona mucronata (Forssk.) Asch. & Schweinf.	0	7.1	0	0	SA	0.01	O
Atriplex leucoclada Boiss.	4.5	0	0	0	SA+IT	0.007	S
Fagonia bruguieri DC.	4.5	0	0	0	SA+IT	0.007	S
Capparis spinosa L.	0	0	0	2.2	M+SA+SZ	0.007	S
Chrozophora oblongifolia (Delile) Spreng.	4.5	0	0	0	M+SA	0.007	S
Oxystelma esculentum (L.F.) R. Br.	0	0	2.2	0	SZ+GC	0.007	S
Caroxylon villosum Schult.	4.5	0	0	0	M+SA+IT	0.007	S
Taverniera aegyptiaca Boiss.	0	0	0	2.2	SA	0.007	S
Ervas perenes							
Aeluropus littoralis (Gouan) Parl.	0	0	0	6.5	M+IT	0.02	O
Imperata cylindrica (L.) Raeusch	9.1	0	0	0	PAN	0.01	O
Juncus rigidus Desf.	0	0	0	2.2	M+SA+IT	0.007	S
Leptochloa fusca (L.) Kunth	0	0	0	2.2	PAL	0.007	S
Stipagrostisplumosa (L.) Munro ex T. Anderson	4.5	0	0	0	M+SA+IT	0.007	S
Dichanthum annulatum (Forssk.) Stapf	4.5	0	0	0	PAL	0.007	S
Cyperus rotundus L.	0	0	0	2.2	PAN	0.007	S
Typha domingensis (Pers.) Poir. ex Steud.	4.5	0	0	0	PAN	0.007	S

Quadro 6: Cont.

Espécies	P% para cada transecto				Choro	Valor Q	Ocasião
	T1	T2	T3	T4			
Ervas anuais							
Astragalus eremophilus Boiss.	0	0	30.4	0	SA	0.1	C
Hippocrepis constricta Knuze	0	0	6.5	0	M+SA+IT	0.02	O
Lupinus digitatus Forssk.	0	0	6.5	0	M	0.02	O
Polycarpaea robbairea (Kuntze) Greuter & Burdet	0	0	6.5	0	SA	0.02	O
Launaea amal-aminae N. Kilian	0	0	4.3	0	SA	0.01	O
Echium horridum Batt.	4.5	0	0	0	SA	0.007	S
Chenopodium album L.	4.5	0	0	0	COSM	0.007	S

Ch. murale L.	0	0	0	2.2	COSM	0.007	S
Launaea capitata (Spreng.) Dandy	0	0	2.2	0	SA	0.007	S
Filago desertorum Pomel	4.5	0	0	0	SA+IT	0.007	S
Glinus lotoides L.	0	0	2.2	0	PAL	0.007	S
Oligomeris linifolia (Vahl.) ex Hornew J. F. Macbr.	0	0	0	2.2	SA+SZ	0.007	S
Sonchus oleraceus L.	0	0	0	2.2	COSM	0.007	S

E. Dominância e ocorrência das espécies

A presença das espécies e os valores de Q foram representados na Figura (9). As plantas registadas foram ordenadas de acordo com os seus valores Q da seguinte forma:

a. Espécies dominantes

Seis das espécies registadas são ubíquas (tiveram uma ampla gama ecológica de distribuição) e tiveram um grau de ocorrência dominante. *A Zilla spinosa* teve um valor de presença igual a 60,6 %, uma vez que foi registada em 86 povoamentos. *Acacia tortilis* subsp. *raddiana* veio na segunda ordem (P= 35.9), *Morettia philaeana* (P=29.6), *Zygophyllum coccineum* (P=22.5), *Caroxylon imbricatum* (P= 21.8) e *Citrullus colocynthis* (P= 21.1%).

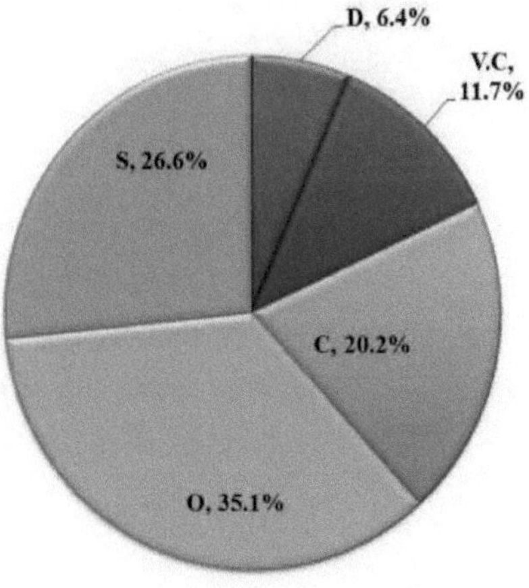

Figura 9: Análise da ocorrência das espécies registadas na área de estudo. D = dominante, VC = muito comum, C = comum, O = ocasional (plantas raras) e S = esporádica.

b. Espécies muito comuns

Astragalus vogelii, Tetraena simplex, Lotus hebranicus, e *Schouwia purpurea* exibiram a presença mais elevada estimada entre as anuais (P= 12%, 10.6%, 14.8% e 11.3%, respetivamente). Por outro lado, há 5 espécies perenes também representadas como muito comuns na área de estudo e foram *Tamarix aphylla* (registada em 23 povoamentos; P= 16,2%), *Tamarix nilotica* (em 20 povoamentos; P= 14,1%), *Fagonia thebaica* (P= 12,7%), *Pulicaria undulata* e *Aerva javanica* (12% para cada). *Astragalus eremophilus* e *Trichodesma africanum* representaram 14 povoamentos (P= 9,9% para cada).

c. Espécies comuns

De acordo com os valores de Q, foram registadas 19 espécies comuns. *Balanites aegyptiaca* foi registada em 13 povoamentos (P=9,2%). *Cotula cinerea, Nitraria retusa, Panicum turgidum, Zygophyllum album* foram representadas em 12 povoamentos (P= 8,5% para cada). *Phragmites australis* e *Farsetia stylosa* ocorreram em 11 povoamentos (P= 7,7% e Q-value= 0,08 para cada). *Launaea nudicaulis* e *Leptadenia pyrotechnica* foram registadas em 10 povoamentos (P= 7,0 para cada). *Asphodelus tenufolius, Senna italica* e *Tribulus pentandrus* estavam presentes em 9 povoamentos (P= 6,3%). *Forsskaolea tenacissima, Limonium axillare, Ochradinus baccatus* e *Pulicaria incisa* foram encontradas em 8 povoamentos (P= 5,6%; Q-value= 0,06). Outras 3 espécies *Monsonia heliotropoides, Pergularia tomentosa* e *Polycarpaea repens* foram registadas em 7 povoamentos (P= 4,9%; Q-value=0,05).

d. Espécies ocasionais

A maioria das espécies registadas (33 espécies, 35,1% do número total de espécies) foi representada de acordo com o valor Q como ocasional (o valor Q variou entre 0,01-0,049). Estas espécies incluem: *Arthrocnemum macrostachyum, Calotropis procera, Cleome amblyocarpa, C. droserifolia, Malva parviflora, Phoenix dactylifera* e *Suaeda monoica*, presentes em 6 povoamentos (P= 4,2%). *Cynodon dactlyon, Convolvulus hystrix, Crotalaria aegyptiaca* e *Eremobium aegyptiacum* foram registados em 5 povoamentos (P= 3,5% e Q-value= 0,04); enquanto *Avicennia marina, Fagonia indica, Salvadora persica* e *Ziziphus spina-christi* estavam em 4 povoamentos. As outras 18 espécies estavam representadas num menor número de povoamentos (2-3 povoamentos).

e. Espécies esporádicas

As espécies esporádicas (25 espécies; 26,6% do número total de espécies) foram representadas num povoamento e têm um valor Q = 0,007. Estas espécies foram *Acacia nilotica, Atriplex Ieucoclada, Capparis decidua, C. spinosa, Chenopodium album, Ch. murale, Chrozophora oblongifolia, Cyperus rotundus, Dichanthum annulatum, Echium horridium, Fagonia bruguieri, Filago desertorium, Glinus lotoides, Hyphaene thebaica, Juncus rigidus, Launaea capitata, Leptochloa fusca, Moringa peregrina, Oligomeris linifolia, Oxystelma esculentum, Caroxylon villosum, Sonchus oleraceus, Stipagrostis plumosa, Taverniera aegyptiaca* e *Typha domingensis.*

F. Comparação entre as zonas norte e sul do deserto oriental

O quadro 7 apresenta a diversidade florística entre duas partes geograficamente distantes (253 km) (norte e sul) do deserto oriental. Enquanto a parte sul é representada pelos 4 transectos incluídos no presente estudo, a parte norte (c. 28 800 km^2; 30° 05' - 28° 21' N e 31° 20'- 33° 50' E) inclui três transectos: Cairo-Suez (T1N; 112 espécies), Korimat-Zaafarana (T2N; 111 espécies) e Sheikh Fadl-Ras Gharib (T3N; 54 espécies), principalmente na parte calcária deste deserto. No total, 60 espécies eram comuns, 103 espécies confinadas à parte norte e 34 à parte sul.

Quatro árvores; *Acacia tortilis* subsp. *raddiana, Tamarix aphylla, T. nilotica* e *Calotropis procera* exibiram uma ampla gama de distribuição onde foram registadas em ambas as partes. Enquanto 9 espécies arbóreas se limitam à parte sul e não penetram para norte (por exemplo, *Avicennia marina, Hyphaene thebaica, Balanites aegyptiaca, Moringa peregrina*), a parte norte não tem qualquer espécie arbórea caraterística. Vinte e oito espécies arbustivas foram registadas em ambas as áreas e incluíam, entre outras: *Zilla spinosa, Zygophyllum coccineum, Caroxylon imbricatum, Suaeda monoica, Zygophyllum album* e *Pulicaria incisa.* Enquanto 33 espécies estavam confinadas à parte norte, 9 espécies caracterizavam a parte sul. As ervas perenes foram representadas por 19 espécies (Quadro 7), das quais 6 eram comuns (e.g., *Phragmites australis, Citrullus colocynthis, Stipagrostis plumosa*), 7 espécies mostraram consistência para a parte norte (e.g., *Lavandula stricta, Lasiurus scindicus, Aeluropus lagopoides*), e 6 espécies para a parte sul (e.g., *Juncus rigidus, Aeluropus littoralis*) que habitavam habitats húmidos e salinos. As ervas anuais (96 espécies) constituíam a principal componente da diversidade e estrutura florística; 22 eram comuns, 64 espécies confinadas à parte norte e 10 espécies confinadas à parte sul. A parte norte incluía *Conyza bonariensis, Emex spinosa, Phalaris paradoxa, Lolium perenne, Cichorium endivia, Amaranthus viridis, Spergularia marina* e *Avena fatua*, que se encontram entre as ervas daninhas comuns das terras aráveis egípcias .

Tabela 7: Diversidade florística entre as partes norte e sul do deserto oriental. (Dados do Norte retirados de **Abdel Aleem, 2013**); T1N= transecto Cairo-Suez; T2N= transecto Korimat-Zaafarana, T3N= transecto Sheikh Fadl-Ras Gharib; T1S= transecto Qena-Safaga; T2S= transecto Idfu- Marsa Alam; T3S= transecto Aswan-Kharit-Gimal e T4S= transecto Mar Vermelho.

Espécies	Norte			Sul			
	LATA	T2N	T3N	T1S	T2S	T3S	T4S
Espécies presentes em ambas as zonas							
Acacia tortilis (Forssk.) Hayne subsp. *raddiana* Savi (Brenan)	35	18.2	16.7	0	46.4	65.2	17.4
Tamarix aphylla (L.) H Karst.	0	0	16.7	0	10.7	26.1	17.4
Tamarix nilotica (Ehrenb.) Bunge	40	59.1	30	18.2	0	4.3	30.4
Calotropis procera (Aiton) W. T.	30	0	0	4.5	7.1	6.5	0
Zilla spinosa (L.) Prantl.	95	81.8	83.3	81.8	96.4	73.9	15.2
Zygophyllum coccineum L.	85	63.6	83.3	59.1	3.6	8.7	30.4
Caroxylon imbricatum (Forssk.) Akhani & E. H. Roalson	0	22.7	40	45.5	67.9	2.2	2.2
Aerva javanica (Burm. F.) Juss. ex Schult.	10	0	10	18.2	25	8.7	4.3
Lotus hebranicus Hochst. ex Brand	0	0	6.7	13.6	14.3	17.4	13
Leptadenia pyrotechnica (Forssk.)	0	0	10	18.2	7.1	6.5	2.2
Pulicaria undulata (L.) C. A. Mey	50	77.3	40	0	39.3	10.9	2.2
Panicum turgidum Forssk.	55	22.7	0	0	3.6	15.2	8.7
Suaeda monoica Forssk. ex J. F. Gmel.	0	13.6	0	0	7.1	2.2	6.5
Ochradenus baccatus Delile	55	59.1	56.7	18.2	0	2.2	6.5

Cleome droserifolia (Forssk.) Delile	0	0	3.3	4.5	0	4.3	6.5
Fagonia indica Burm. F.	20	22.7	10	0	0	6.5	2.2
Heliotropium bacciferum Forssk.	30	4.5	6.7	0	7.1	0	2.2
Zygophyllum album L.	0	9.1	0	0	0	0	26.1
Nitraria retusa (Forssk.) Asch.	0	4.5	0	0	0	0	26.1
Capparis spinosa L.	0	4.5	0	0	0	0	2.2
Taverniera aegyptiaca Boiss.	0	9.1	0	0	0	0	2.2
Crotalaria aegyptiaca Benth.	20	0	0	0	0	0	10.9
Cornulaca monacantha Delile	5	0	0	0	0	0	6.5
Pergularia tomentosa L.	25	40.9	6.7	13.6	10.7	2.2	0
Senna italica Mill.	15	0	0	0	3.6	17.4	0
Pulicaria incisa (Lam.) DC.	10	18.2	0	27.3	0	4.3	0
Iphiona mucronata (Forssk.) Asch. & Schweinf.	20	31.8	0	0	7.1	0	0
Artemisia judaica L.	5	9.1	10	9.1	0	0	0
Fagonia mollis Delile	25	50	13.3	9.1	0	0	0
Fagonia bruguieri DC.	30	36.4	43.3	4.5	0	0	0
Atriplex leucoclada Boiss.	0	0	6.7	4.5	0	0	0
Chrozophora oblongifolia (Delile)	10	0	0	4.5	0	0	0
Phragmites australis (Cav.) Trin. ex Steud.	10	13.6	3.3	18.2	3.6	0	13
Cynodon dactylon (L.) Pers.	10	0	0	13.6	0	0	4.3
Leptochloa fusca (L.) Kunth	0	9.1	0	0	0	0	2.2
Citrullus colocynthis (L.) Schrad.	5	27.3	16.7	22.7	35.7	32.6	0
Stipagrostis plumosa (L.) Munro ex T. Anderson	0	4.5	3.3	4.5	0	0	0
Imperata cylindrica (L.) Raeusch	0	13.6	0	9.1	0	0	0
Tetraena simplex (L.) Beier & Thulin	60	18.2	30	9.1	28.6	8.7	2.2
Astragalus vogelii (Webb.) Bornm.	0	9.1	10	9.1	21.4	13	6.5
Launaea nudicaulis (L.) Hook. F.	25	59.1	6.7	0	0	13	8.7
Reseda pruinosa Delile	5	4.5	10	0	0	2.2	2.2
Malva parviflora L.	15	0	0	0	0	2.2	10.9
Sonchus oleraceus L.	15	45.5	0	0	0	0	2.2
Chenopodium murale L.	10	0	0	0	0	0	2.2
Cotula cinerea Delile	10	31.8	13.3	9.1	3.6	19.6	0
Forsskaolea tenacissima L.	10	4.5	10	18.2	3.6	6.5	0
Trichodesma africanum (L.) R. Br.	25	40.9	20	22.7	25	4.3	0
Eremobium aegyptiacum (Spreng.) Asch. & Schweinf. ex Boiss.	0	4.5	0	4.5	10.7	2.2	0
Cleome amblyocarpa Barratte &	25	22.7	6.7	0	3.6	10.9	0
Euphorbia granulata Forssk.	0	9.1	0	0	3.6	4.3	0
Asphodelus tenuifolius Cav.	20	0	0	0	7.1	15.2	0
Tribulus megistopterus Kralik	0	4.5	0	4.5	0	2.2	0
Glinus lotoides L.	0	40.9	6.7	0	0	2.2	0
Polycarpaea robbairea (Kuntze) Greuter & Burdet	0	0	6.7	0	0	6.5	0
Hippocrepis constricta Knuze	0	4.5	0	0	0	6.5	0
Launaea capitata (Spreng.) Dandy	0	36.4	0	0	0	2.2	0
Cistanche phelypaea (L.) Cout.	15	31.8	6.7	4.5	3.6	0	0
Filago desertorum Pomel	0	9.1	0	4.5	0	0	0
Chenopodium album L.	5	0	0	4.5	0	0	0
Espécies presentes na zona Norte							
Atriplex halimus L.	15	40.9	36.7	0	0	0	0
Anabasis setifera Moq.	40	31.8	33.3	0	0	0	0
Farsetia aegyptia Turra	60	50	13.3	0	0	0	0
Haloxylon salicornicum (Moq.) Bung	65	59.1	56.7	0	0	0	0
ex Boiss.	10	18.2	3.3	0	0	0	0

Launaea spinosa (Forssk.) Sch. Bip.							
Retama raetam (Forssk.) Webb &	45	27.3	13.3	0	0	0	0
Hyoscyamus muticus L.	50	22.7	3.3	0	0	0	0
Senecio glaucus L.	25	36.4	3.3	0	0	0	0
Astragalus trigonus DC.	0	9.1	3.3	0	0	0	0
Calligonum polygonoides L.	0	9.1	26.7	0	0	0	0
Deverra tortuosa (Desf.) DC.	35	0	3.3	0	0	0	0
Hyoscyamus boveanus (Dunal) Asch. & Schweinf.	0	0	3.3	0	0	0	0
Achillea fragrantissima (Forssk.) Sch.	5	13.6	0	0	0	0	0
Anabasis articulata (Forssk.) Moq.	40	9.1	0	0	0	0	0
Cynanchum acutum L.	15	9.1	0	0	0	0	0
Diplotaxis acris (Forssk.) Boiss.	10	4.5	0	0	0	0	0
Ephedra alata Decne.	10	9.1	0	0	0	0	0
Fagonia arabica L.	10	4.5	0	0	0	0	0
Gymnocarpos decandrus Forssk.	5	9.1	0	0	0	0	0
Haplophyllum tuberculatum (Forssk.)	10	9.1	0	0	0	0	0
Lycium shawii Roem. et Schult	10	18.2	0	0	0	0	0
Nauplius graveolens (Forssk.)	10	31.8	0	0	0	0	0
Rumex vesicarius L.	30	22.7	0	0	0	0	0
Reichardia tingitana (L.) Roth	25	18.2	0	0	0	0	0
Agathophora alopecuroides (Delile) Fenzl ex Bunge	0	13.6	0	0	0	0	0
Astragalus sieberi DC.	0	9.1	0	0	0	0	0
Cullen plicata (Delile) C. H Stirt.	0	4.5	0	0	0	0	0
Helianthemum kahiricum Delile	0	4.5	0	0	0	0	0
Reaumuria hirtella Jaub. et Spach	0	31.8	0	0	0	0	0
Ephedra aphylla Forssk.	10	0	0	0	0	0	0
Artemisia monosperma Delile	20	0	0	0	0	0	0
Convolvulus lanatus Vahl	5	0	0	0	0	0	0
Helianthemum lipii (L.) Dum-Cours.	5	0	0	0	0	0	0
Kickxia aegyptiaca (Dum.) Nabelek	45	0	0	0	0	0	0
Phagnalon barbeyanum Asch. & Schweinf.	5	0	0	0	0	0	0
Pluchea dioscoridis (L.) DC.	15	0	0	0	0	0	0
Zygophyllum decumbens Delile	10	0	0	0	0	0	0
Lavandula coronopifolia Delile	5	4.5	0	0	0	0	0
Erodium glaucophyllum (L.) L'Hér.	20	4.5	0	0	0	0	0
Erodium oxyrrhynchum M. Bieb. Lam.	10	18.2	0	0	0	0	0
Lasiurus scindicus Henrad	5	18.2	0	0	0	0	0
Launaea mucronata (Forssk.) Muschl.	40	31.8	0	0	0	0	0
Aeluropus lagopoides (L.) Trin. ex	0	4.5	0	0	0	0	0
Pennisetum divisum (Forssk. ex J. F.) Gmel). Henrard	10	0	0	0	0	0	0
Anastatica hierochuntica L.	10	40.9	16.7	0	0	0	0
Bassia muricata (L.) Asch.	30	18.2	3.3	0	0	0	0
Trigonella stellata Forssk.	35	54.5	3.3	0	0	0	0
Centaurea aegyptiaca L.	5	13.6	10	0	0	0	0
Euphorbia retusa Forssk.	35	22.7	13.3	0	0	0	0
Bassia indica (Wight) A.J. Scott	15	0	13.3	0	0	0	0
Lotus glinoides Delile	15	0	3.3	0	0	0	0
Lotononis platycarpa (Viv.) Pic. Serm.	0	0	3.3	0	0	0	0
Suaeda altissima (L.) Pall.	0	0	3.3	0	0	0	0
Althaea ludwigii L.	5	27.3	0	0	0	0	0
Anchusa hispida Forssk.	20	18.2	0	0	0	0	0
Diplotaxis harra (Forssk.) Boiss.	45	36.4	0	0	0	0	0
Centaurea calcitrapa L.	40	31.8	0	0	0	0	0

Astragalus bombycinus Boiss.	10	4.5	0	0	0	0	0
Conyza bonariensis (L.) Cronquist	5	4.5	0	0	0	0	0
Echinops spinosissimus Turra	70	22.7	0	0	0	0	0
Emex spinosa (L.) Campd.	5	4.5	0	0	0	0	0
Erodium malacoides (L.) L'Hér.	5	9.1	0	0	0	0	0
Matthiola longipetala (Delile) DC.	35	4.5	0	0	0	0	0
Paronychia arabica (L.) DC.	10	18.2	0	0	0	0	0
Plantago ovata Forssk.	5	27.3	0	0	0	0	0
Pteranthus dichotomus Forssk.	10	18.2	0	0	0	0	0
Convolvulus pilosellifolius Desr.	0	4.5	0	0	0	0	0
Astragalus hamosus L.	0	4.5	0	0	0	0	0
Astragalus schimperi Boiss.	0	4.5	0	0	0	0	0
Atractylis mernephtae Asch	0	9.1	0	0	0	0	0
Avena sterilis L.	0	4.5	0	0	0	0	0
Caylusea hexagyna (Forssk.) M.L.	0	4.5	0	0	0	0	0
Crypsis aculeata (DC.) Boiss	0	4.5	0	0	0	0	0
Herniaria hemistemon J. Gay	0	4.5	0	0	0	0	0
Ifloga spicata (Forssk.) Sch.-Bip.	0	22.7	0	0	0	0	0
Lappula spinocarpos (Forssk.) Asch. ex Kuntze	0	13.6	0	0	0	0	0
Medicago laciniata (L.) Mill.	0	27.3	0	0	0	0	0
Phalaris paradoxa L.	0	4.5	0	0	0	0	0
Plantago amplixicaulis Cav.	0	9.1	0	0	0	0	0
Plantago ciliata Desf.	0	22.7	0	0	0	0	0
Polypogon monspelinsis (L.) Desf.	0	13.6	0	0	0	0	0
Spergularia marina (L.) Griseb.	0	13.6	0	0	0	0	0
Volutaria lippii (L.) Cass. ex Maire	0	18.2	0	0	0	0	0
Gypsophila capillaris (Forssk.) C.Chr.	10	0	0	0	0	0	0
Lolium perenne L.	5	0	0	0	0	0	0
Atractylis carduus (Forssk.) C. Chr.	10	0	0	0	0	0	0
Fagonia glutinosa Delile	10	0	0	0	0	0	0
Aizoon canariense L.	30	0	0	0	0	0	0
Amaranthus viridis L.	5	0	0	0	0	0	0
Anthemis melampodina Delile	20	0	0	0	0	0	0
Astragalus annularis Forssk.	15	0	0	0	0	0	0
Avena fatua L.	5	0	0	0	0	0	0
Bromus madritensis L.	5	0	0	0	0	0	0
Cichorium endivia L.	5	0	0	0	0	0	0
Eruca sativa Miller	10	0	0	0	0	0	0
Lotus halophilus Boiss. & Spruner	10	0	0	0	0	0	0
Mesembryanthemum forsskalei Hochst. ex Boiss.	15	0	0	0	0	0	0
Neurada procumbens L.	20	0	0	0	0	0	0
Plantago cylindrica Forssk.	15	0	0	0	0	0	0
Reseda arabica Boiss.	25	0	0	0	0	0	0
Reseda decursiva Forssk.	5	0	0	0	0	0	0
Savignya parviflora (Delile) Webb	5	0	0	0	0	0	0
Tribulus terrestris L.	5	0	0	0	0	0	0
Espécies presentes na Zona Sul							
Phoenix dactylifera L.	0	0	0	22.7	0	0	2.2
Avicennia marina (Forssk.) Vierh.	0	0	0	0	0	0	8.7
Hyphaene thebaica (L.) Mart.	0	0	0	0	0	0	2.2
Balanites aegyptiaca (L.) Delile	0	0	0	0	0	28.3	0
Capparis decidua (Forssk.) Edgew.	0	0	0	0	0	2.2	0
Ziziphus spina-christi (L.) Desf.	0	0	0	18.2	0	0	0
Acacia nilotica (L.) Delile	0	0	0	4.5	0	0	0
Ricinus communis L.	0	0	0	9.1	0	0	0

Moringa peregrina (Forssk.) Fiori	0	0	0	4.5	0	0	0
Convolvulus hystrix Vahl	0	0	0	0	0	2.2	8.7
Fagonia thebaica Boiss.	0	0	0	18.2	46.4	0	2.2
Limonium axillare (Forssk.) Kuntze	0	0	0	0	0	0	21.7
Arthrocnemum macrostachyum (Moric.) K. Koch	0	0	0	0	0	0	13
Farsetia stylosa R. Br.	0	0	0	0	10.7	17.4	0
Oxystelma esculentum (L.F.) R. Br.	0	0	0	0	0	2.2	0
Salvadora persica L.	0	0	0	0	0	8.7	0
Senna holosericea (Freseu) Greuter	0	0	0	0	0	4.3	0
Caroxylon villosum (Schult.) Akhani & E. H. Roalson	0	0	0	4.5	0	0	0
Monsonia heliotropioides (Cav.)	0	0	0	0	3.6	10.9	2.2
Aeluropus littoralis (Gouan) Parl.	0	0	0	0	0	0	6.5
Juncus rigidus Desf.	0	0	0	0	0	0	2.2
Cyperus rotundus L.	0	0	0	0	0	0	2.2
Dichanthum annulatum (Forssk.) Stapf	0	0	0	4.5	0	0	0
Typha domingensis (Pers.) Poir. ex Steud.	0	0	0	4.5	0	0	0
Polycarpaea repens (Forssk.) Asch. & Schweinf.	0	0	0	4.5	3.6	4.3	6.5
Arnebia hispidissima (Lehm.) DC.	0	0	0	4.5	0	0	4.3
Oligomeris linifolia (Vahl.) ex Hornew	0	0	0	0	0	0	2.2
Morettia philaeana (Delile) DC.	0	0	0	31.8	60.7	39.1	0
Schouwia purpurea (Forssk.)	0	0	0	9.1	35.7	8.7	0
Tribulus pentandrus Forssk.	0	0	0	0	14.3	10.9	0
Astragalus eremophilus Boiss.	0	0	0	0	0	30.4	0
Lupinus digitatus Forssk.	0	0	0	0	0	6.5	0
Launaea amal-aminae N. Kilian	0	0	0	0	0	4.3	0
Echium horridum Batt.	0	0	0	4.5	0	0	0

RESULTADOS (Parte 2):

Relações entre o solo e a vegetação ao longo dos transectos estudados

1. Transecto Qena-Safaga (T1)

1- Classificação da vegetação

A classificação do conjunto de dados de presença/ausência de 46 espécies registadas em 22 povoamentos utilizando a análise de agrupamento produziu 6 grupos de vegetação no nível 3 da hierarquia (Quadro 9, Figura 11). A inspeção da Figura (10), na qual se localizavam os povoamentos representativos de cada um destes grupos de vegetação, revelou que a maioria dos povoamentos dos grupos (A, D2 e E) se localizava nas proximidades da província de Qena (ca. latitude 26° 6'). Entretanto, os povoamentos dos grupos (B, C e D1) tendiam a situar-se mais perto da costa do Mar Vermelho; especialmente os povoamentos do grupo D1 (ca. latitude 26° 45'). Os grupos obtidos receberam o nome das espécies dominantes que têm os valores de presença mais elevados. O arbusto *Zilla spinosa* foi registado com valores de presença variáveis nos seis grupos.

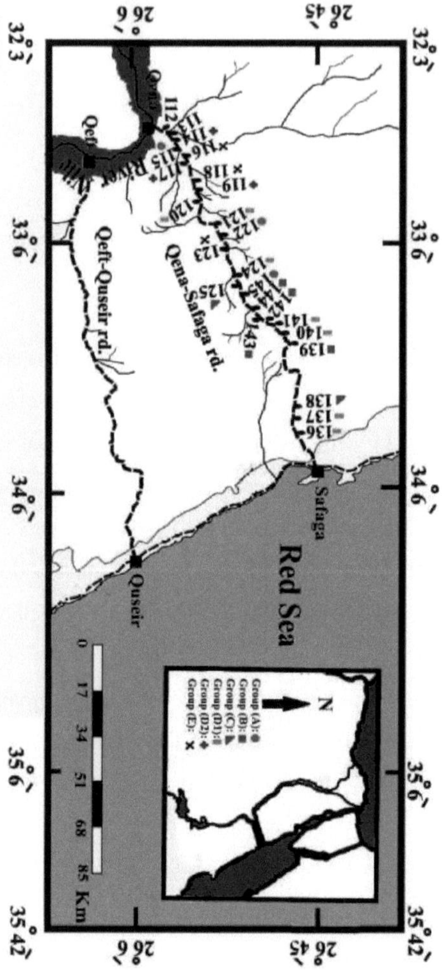

Figura 10: O mapa de localização de T1, mostrando a distribuição do povoamento dos 6 grupos de vegetação (para os símbolos, ver Figura 12)

Grupo (A): Grupo *Zilla spinosa- Caroxylon imbricatum- Ziziphus spina-christi*

Inclui 16 espécies registadas em 3 povoamentos, com uma elevada riqueza de espécies de 7,67±1,53 povoamentos^{-1}, e um índice de diversidade de Shannon-Wiener de 2,02±0,21 (Quadro 8). Os povoamentos deste grupo habitavam solos ricos em cascalho, silte e bicarbonatos (mais elevados do que as médias totais), mas tinham o teor de água mais baixo. *Phoenix dactylifera* representou a espécie codominante nesta comunidade com um valor de presença de 67% (Tabela 8). As espécies esporádicas (espécies registadas apenas num povoamento; P=33%) foram representadas por 12 espécies (e.g., *Zygophyllum coccineum, Ochradenus baccatus, Citrullus colocynthis, Leptadenia pyrotechnica, Dichanthum annulatum* e *Moringa peregrina*). *Atriplex leucoclada, Dichanthum annulatum, Moringa peregrina* e *Polycarpaea repens* estavam confinados a este grupo (quadro 9).

Grupo (B): Grupo *Zilla spinosa*

Este grupo de vegetação incluiu 17 espécies registadas em 4 povoamentos, com uma riqueza de espécies de 6,25±2,63 espécies $^{-1}$ e um índice de diversidade de Shannon-Wiener de 1,76±0,44 (Quadro 8). Os teores de argila e matéria orgânica do solo nos povoamentos deste grupo foram os mais elevados de todos os outros. As médias mais baixas foram registadas em CE, Na^{+2}, K^{+} e Ca^{+2}. *Pulicaria incisa, Fagonia thebaica, Lotus hebranicus* e *Artemisia judaica* foram as espécies codominantes com valores de presença entre 50 e 75%. Neste grupo, houve 12 espécies esporádicas, incluindo *Caroxylon imbricatum, Morettia philaeana, Pergularia tomentosa, Cotula cinerea, Fagonia mollis, Acacia nilotica* e *Filago desertorium*. Cinco espécies mostraram coerência com este grupo: *Fagonia bruguieri, Acacia nilotica, Artemisia judaica, Chenopodium album* e *Filago desertorium* (Tabela 9).

Grupo (C): Grupo *Zygophyllum coccineum-Aerva javanica*

Incluía 13 espécies registadas em 2 povoamentos, com uma riqueza de espécies de 8,5±0,71 povoamentos^{-1}, e um índice de diversidade de Shannon-Wiener de 2,14±0,08 (Quadro 8). Além disso, tal como no grupo (A), o teor de água do solo foi o mais baixo (0,28% do peso do solo). Além disso, os cascalhos, a argila, a CE e o Na apresentaram os valores mais baixos entre os outros. Os teores mais elevados de areia grossa e areia fina caracterizaram o grupo. Esta comunidade tinha quatro espécies caraterísticas (P=100%); e eram *Zygophyllum coccineum, Aerva javanica, Zilla spinosa* e *Forsskaolea tenacissima.* As espécies co-dominantes (P= 50% para cada uma) incluíam *Ochradenus baccatus, Pergularia tomentosa, Citrullus colocynthis, Leptadenia pyrotechnica* e as duas espécies consistentes para este grupo: *Chrozophora oblongifolia* e *Cleome droserifolia* (Tabela 9).

Grupo (D1): Grupo *Zilla spinosa- Zygophyllum coccineum*

Este grupo incluiu 8 espécies registadas em 7 povoamentos com a riqueza de espécies mais baixa (2,86±1,07 espécies em povoamentos^{-1}), e o índice de diversidade de ShannonWiener mais baixo de 1,00±0,34. O solo deste grupo de povoamentos é caracterizado por teores ricos em cascalho, areia grossa, areia fina, Mg^{+2} e matéria orgânica (Quadro 8). As espécies co-dominantes com um valor de presença de 29% foram *Caroxylon imbricatum* e *Leptadenia pyrotechnica.* Foram registadas quatro espécies esporádicas, incluindo *Pulicaria incisa, Aerva javanica, Trichodesma africanum* e *Fagonia mollis.*

Grupo (D2): Grupo *Zygophyllum coccineum-Tamarix nilotica*

O tamanho deste grupo foi de 3 povoamentos e 10 espécies. A riqueza média de espécies foi baixa entre os grupos reconhecidos (4,67±2,52 povoamentos de espécies^{-1}) e índice de diversidade de Shannon-Wiener de 1,42±0,65 (Tabela 8). Os povoamentos deste grupo ocorreram em solos com maior teor de silte e menores teores de magnésio e bicarbonatos. As duas espécies co-dominantes *Morettia philaeana* e *Phragmites australis* tiveram o mesmo valor de presença de *Zygophyllum coccineum* e *Tamarix nilotica* (P= 67%). As espécies esporádicas incluíram 6 espécies como *Ochradenus baccatus, Schouwia purpurea* e *Tetraena simplex* (Tabela 9).

Grupo (E): *Caroxylon imbricatum-Morettia philaeana* Grupo *Trichodesma africanum-Citrullus colocynthis*

É o grupo mais caracterizado entre os outros; foi o mais diversificado. Compreendeu 32 espécies registadas em 3 povoamentos, com uma riqueza média de 15,33±1,53 povoamentos^{-1}, e um índice de diversidade de Shannon-Wiener de 2,73±0,1. Habita solos com os teores mais elevados de salinidade (condutividade eléctrica) e de catiões e aniões (exceto bicarbonatos) (Quadro 8). As espécies associadas co-dominantes, com um valor de presença de 67%, foram *Zilla spinosa, Zygophyllum coccineum, Phragmites australis, Tamarix nilotica, Pulicaria incisa* e *Astragalus vogelii.* As espécies esporádicas incluíam 22 espécies; entre outras, *Ochradenus baccatus, Aerva javanica, Pergularia tomentosa, Cotula cinerea, Cistanche phelypaea, Arnebia hispidissima* e *Tribulus megistopterus* (Quadro 9). Dez destas espécies esporádicas mostraram uma consistência com este grupo (por exemplo, *Caroxylon villosum, Echium horridium, Arnebia hispidissima, Astragalus vogelii*).

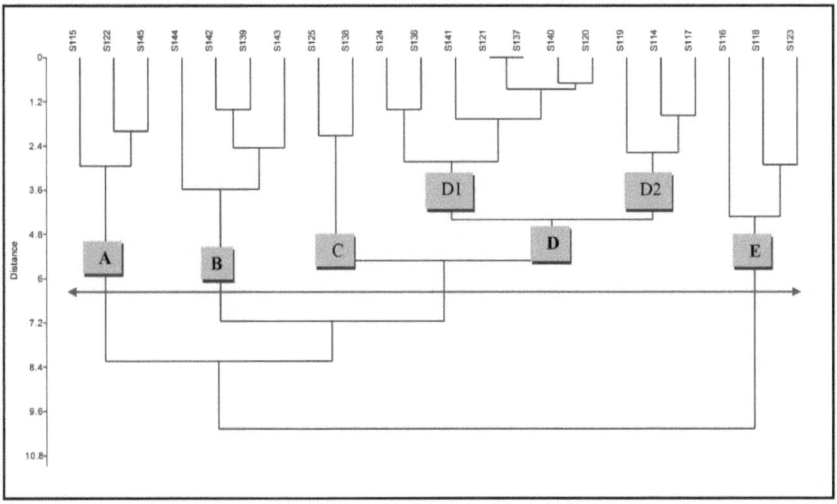

Figura 11: Dendrograma mostrando a análise de agrupamento dos 22 povoamentos estudados do transecto Qena-Safaga (Tl), com os seis grupos de vegetação (A-E) apresentados.

Tabela 8: Valores médios, desvios-padrão (DP) e valores ANOVA das variáveis do solo nos grupos de vegetação (A- E) do transecto Qena-Safaga. CE=Condutividade eléctrica (mS.cm^1), fracções do solo (%), CS= Areia grossa, FS= Areia fina, Na, K, Ca, Mg, Cl e HCO_3 (mg.g^1 d.wt. solo), SO_4 (µg.g-l d.wt. solo), OM (%), SR=Riqueza de espécies

e H^5=índice de Shannon-Wiener, $** = p < 0,01$.

Solo Factores	**Total Meios**	**Grupos de vegetação**						**Valor F**	***P***
		A	**B**	**C**	**DI**	**D2**	**E**		
Cascalho	18.28±9.79	24.96±11.90	18.51±12.93	8.89±6.59	19.48±8.29	15.85±5.37	17.13±12.71	0.656	0.662
CS	27.21±14.91	19.62±13.44	25.38±19.24	37.96±12.85	36.54±11.56	19.70±16.40	15.82±7.25	1.646	0.205
FS	10.35±5.00	6.98±2.63	8.09±5.04	19.09±7.68	11.27±3.74	9.78±6.01	9.35±1.05	2.263	0.098
Silte	28.20±12.99	34.81±21.50	23.58±5.44	24.03±4.36	21.20±9.16	39.48±17.06	35.60±11.91	1.52	0.239
Argila	15.96±13.71	13.64±2.58	24.44±20.83	10.04±6.58	11.51±1.74	15.19±7.12	22.10±9.32	0.605	0.697
pH	7.57±0.16	7.56±0.07	7.56±0.06	7.63±0.32	7.67±0.11	7.47±0.17	7.42±0.22	1.59	0.219
CE	0.51±0.09	0.34±0.17	0.23±0.07	0.23±0.01	0.26±0.05	0.46±0.20	1.86±0.65	1.459	0.257
Na	0.24±0.09	0.14±0.11	0.05±0.02	0.05±0.02	0.06±0.03	0.19±0.13	1.17±1.84	1.423	0.269

K	0.04±0.01	0.05±0.03	0.02±0.01	0.03±0.01	0.02±0.00	0.04±0.02	0.08±0.03	1.619	0.212
Ca	0.27±0.09	0.12±0.03	0.07±0.02	0.16±0.10	0.11±0.05	0.28±0.09	1.10±0.15	1.71	0.189
Mg	0.15±0.03	0.08±0.06	0.19±0.04	0.16±0.15	0.16±0.09	0.04±0.02	0.24±0.20	1.04	0.428
Cl	0.35±0.03	0.21±0.13	0.10±0.05	0.09±0.05	0.12±0.05	0.37±0.26	1.48±0.21	1.491	0.247
HCO_3	0.16±0.05	0.19±0.12	0.16±0.03	0.16±0.02	0.16±0.04	0.12±0.03	0.14±0.02	0.705	0.628
SO_4	3.79±3.09	3.63±2.71	2.47±0.42	2.84±1.23	2.00±0.47	5.04±2.19	9.30±0.90	1.954	0.141
WC	0.89±0.23	0.28±0.09	0.63±0.55	0.28±0.19	0.36±0.26	1.26±0.94	3.10±2.21	**4,74^^**	**0.008**
OM	1.08±0.09	1.07±0.12	1.15±0.04	1.13±0.01	1.10±0.04	0.99±0.11	1.01±0.09	2.4	0.083
SR	6.59±4.36	7.67±1.53	6.25±2.63	8.50±0.71	2.86±1.07	4.67±2.52	15.33±1.53	**22.30****	**0.001**
H'	1.67±0.68	2.02±0.21	1.76±0.44	2.14±0.08	1.00±0.34	1.42±0.65	2.73±0.10	**l0,94****	**0.001**

Tabela 9: Composição florística nos grupos de vegetação do transecto Qena-Safaga. As figuras em **negrito** são espécies com valores de presença mais elevados (P%).

Grupos de vegetação	**A**	**B**	**C**	**D1**	**D2**	**E**
Número total de stands	**3**	**4**	**2**	**7**	**3**	**3**
Número total de espécies	**16**	**17**	**13**	**8**	**10**	**32**
Zilla spinosa	**100**	**100**	**100**	**86**	33	**67**
Zygophyllum coccineum	33		**100**	**86**	**67**	**67**
Caroxylon imbricatum	**100**	25		29	33	**100**
Ochradenus baccatus	33		50		33	33
Forsskaolea tenacissima			**100**		33	33
Morettia philaeana	33	25			**67**	**100**
Phragmites australis					**67**	**67**
Tamarix nilotica					**67**	**67**
Schouwia purpurea					33	33
Tetraena simplex					33	33
Pulicária incisa		**50**	50	14		**67**
Aerva javanica			**100**	14		33
Trichodesma africanum		25		14		**100**
Phoenix dactylifera	**67**	25	50			33
Pergularia tomentosa		25	50			33
Citrullus colocynthis	33		50			**100**
Cynodon dactlyon	33	25				33
Fagonia thebaica		**75**				33
Cotula cinerea		25				33
Ricinus communis	33					33
Imperata cilíndrica	33					33
Ziziphus spina-christi	**100**					33
Caroxylon villosum						33
Echium horridium						33
Stipagrostis plumosa						33
Typha domingensis						33

Cistanche phelypaea						33
Calotropis procera						33
Arnebia hispidissima						33
Astragalus vogelii						**67**
Eremobium aegyptiacum						33
Tribulus megistopterus						33

Quadro 9: Cont.

	33		50	29		
		25	50	14		
Leptadenia pyrotechnica		**50**	50			
Fagonia mollis Lotus			50			
hebranicus						
Chrozophora oblongifolia		25				
Cleome droserifolia Fagonia		25				
bruguieri Acacia nilotica		**50**				
Artemisia judaica		25				
Chenopodium album Filago		25				
desertorium Atriplex	*33*					
leucoclada Dichanthum	*33*					
annulatum Moringa	*33*					
peregrina Polycarpaea	*33*					
repens	*33*					

2- Ordenação de estantes

A aplicação da Análise de Correspondência Detrended (DCA) aos dados de vegetação do transecto Qena-Safaga (Figura 12) revelou a segregação dos 6 grupos de vegetação ao longo do eixo 1 da DCA (valor próprio 0,568) e do eixo 2 da DCA (valor próprio 0,393). A variância percentual acumulada dos dados das espécies nos dois primeiros eixos da DCA foi de 32,2%. As populações dos grupos A e D2 separaram-se ao longo do lado positivo do eixo 1 da DCA, enquanto as dos grupos B e E se separaram ao longo da sua extremidade positiva. Entretanto, os grupos C e D1 foram transitórios na sua ordenação entre os outros grupos.

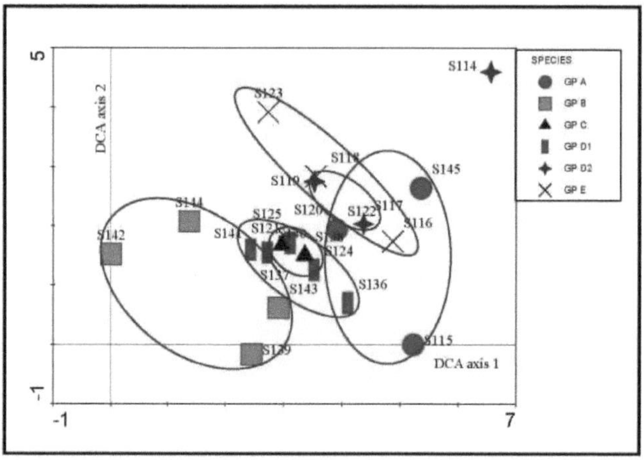

Figura 12: Diagrama DCA mostrando a distribuição dos 22 povoamentos do transecto Qena-Safaga nos seus grupos de vegetação.

3- Relações solo-vegetação

As diferenças significativas nas variáveis do solo examinadas dentro dos grupos de vegetação separados foram demonstradas no quadro 8. Apenas o teor de água do solo apresentou diferenças significativas claras entre os grupos com $p< 0,01$.

A relação entre as variáveis da vegetação e do solo foi estudada utilizando a Análise de Correspondência Canónica (CCA). A Figura (13) mostra o biplot de ordenação da CCA com os grupos de vegetação (A-E), e as variáveis de solo examinadas. Pode observar-se que os povoamentos do grupo A estavam altamente correlacionados com a argila e os bicarbonatos (HCO_3^-), enquanto os do grupo B apresentavam uma correlação com a areia grossa e a matéria orgânica (MO). Enquanto os povoamentos do grupo C mostraram alguma correlação com o Mg^{+2} e a matéria orgânica, os povoamentos do grupo D1 foram afectados por muitos factores do solo como a matéria orgânica, a areia grossa, o pH, o Mg^{+2} e a CE. Os povoamentos do grupo D2 também se correlacionaram com a condutividade eléctrica do solo. O potássio e a matéria orgânica foram os principais factores do solo que afectaram o solo do grupo (E).

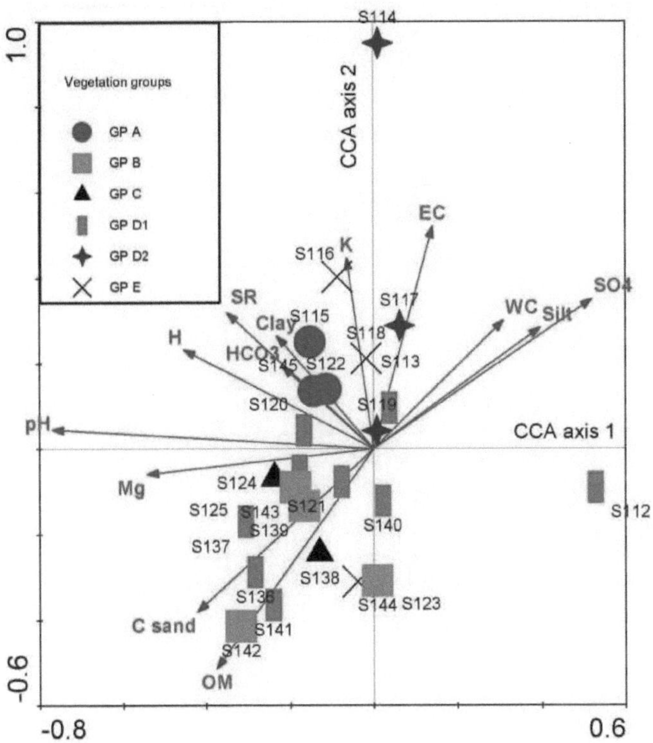

Figura 13: Análise de correspondência canónica (CCA) biplot dos eixos 1 e 2 mostrando a distribuição dos 22 povoamentos do transecto Qena-Safaga, juntamente

com os seus grupos de vegetação e variáveis do solo.

A diminuição sucessiva dos valores próprios dos dois eixos da CCA (0,563 e 0,457 para os eixos 1 e 2, respetivamente), ilustrada no quadro 10, sugere um conjunto de dados bem estruturado. As correlações espécies-ambiente foram elevadas para os dois primeiros eixos, explicando 51,5% da variância acumulada. Estes resultados sugerem uma associação entre a vegetação e os parâmetros medidos do solo apresentados no biplot.

As correlações interconjuntos resultantes da Análise de Correspondência Canónica (CCA) das variáveis do solo examinadas foram apresentadas no quadro 10. O eixo 1 da CCA foi altamente correlacionado positivamente com o silte e altamente correlacionado negativamente com o pH. Assim, este eixo pode ser interpretado como um gradiente silte-pH. O eixo 2 da CCA foi altamente correlacionado positivamente com a CE e altamente negativamente com a MO. Assim, este eixo pode ser interpretado como um gradiente CE-OM. Um teste de significância com um teste de permutação de Monte Carlo sem restrições (499 permutações) para o valor próprio do eixo 1 revelou-se significativo (P=0,026), indicando que os padrões observados não surgiram por acaso.

Tabela 10: Correlação interconjuntos da análise CCA para as variáveis do solo, juntamente com valores próprios e correlações espécie-ambiente no transecto Qena-Safaga (T1), para abreviaturas do solo, ver Tabela (7). NI= Não incluído devido ao seu elevado fator de inflação.

Transect		Qena-Safaga	
Axes		1	2
Eigenvalues		0.563	0.457
Species– environment correlations		0.986	0.988
Gravels	(%)	NI	NI
Coarse sand	(%)	-0.412	-0.376
Fine sand	(%)	NI	NI
Silt	(%)	0.393	0.281
Clay	(%)	-0.228	0.262
Water Content	(%)	0.307	0.297
Organic Matter	(%)	-0.370	-0.508
pH		-0.759	0.045
EC (mS Cm^{-1})		0.140	0.514
Na		NI	NI
K	(mg g^{-1} dry soil)	-0.060	0.441
Ca	(mg g^{-1} dry soil)	NI	NI
Mg	(mg g^{-1} dry soil)	-0.535	-0.059
Cl	(mg g^{-1} dry soil)	NI	NI
HCO_3	(mg g^{-1} dry soil)	-0.215	0.191
SO_4 (µg g^{-1} dry soil)		0.514	0.346
Species Richness (SR)		-0.345	0.315
Shannon index (H)		-0.447	0.230

11. Transecto Idfu-Marsa Alam (T2)

1- Classificação da vegetação

Sete grupos de vegetação foram produzidos após a aplicação da classificação usando a análise de agrupamento ao conjunto de dados florísticos (35 espécies X 28 povoamentos) do transecto Idfu-Marsa Alam (Figura 15). Estas sete comunidades de plantas foram representadas no mapa de localização T2, ilustrando que a maioria dos povoamentos dos grupos (A2 e D2) estavam perto da cidade de Idfu no Rio Nilo, seguidos por (A1 e D1) em direção a Este. Entretanto, os povoamentos do grupo de vegetação (C) estavam posicionados no centro deste transecto. Finalmente, a maior parte dos grupos (B1 e B2) situavam-se na região das Montanhas do Mar Vermelho (Figura 14). *Zilla spinosa* foi a única espécie ubíqua registada nos 7 grupos com valores de presença variáveis. As árvores de *Acacia tortilis* subsp. *raddiana* e o arbusto *Caroxylon imbricatum* foram representados em 6 grupos (Tabela 12).

Acacia tortilis* subsp. *Raddiana

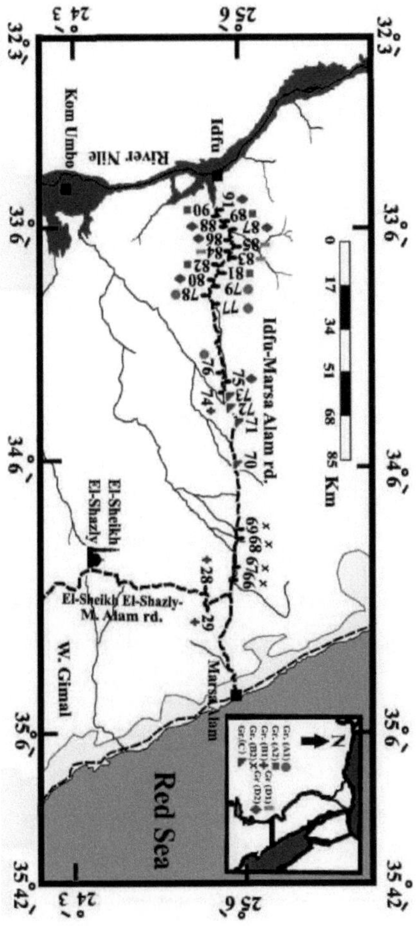

Figura 14: O mapa de localização de T2 mostrando a distribuição dos 7 grupos de vegetação para símbolos, ver Figura 16).

Grupo (A1): Grupo *Zilla spinosa- Caroxylon imbricatum- Morettia philaeana*

Compreendia 8 espécies registadas em 4 povoamentos, com uma riqueza média baixa de espécies de 5,5±1,0 povoamentos^{-1}, e um índice de diversidade de Shannon-Wiener de 1,69±0,17 (Quadro 11). Os povoamentos deste grupo habitavam solos ricos em argila e Mg, e com pH elevado, mas apresentavam os teores mais baixos de sais solúveis totais (SST), Na^{+} e SO_4^{-2}. Os teores de areia grossa, areia fina, silte, Ca^{+2}, OM e água foram inferiores às médias totais deste transecto. *Acacia tortilis* subsp. *raddiana, Citrullus colocynthis, Pulicaria undulata* subsp. *undulata* e *Calotropis procera* representaram espécies codominantes (P=50-75%). *Calotropis procera* mostrou um certo grau de fidelidade a este grupo.

Grupo (A2): Grupo *Zilla spinosa- Caroxylon imbricatum*

Este grupo foi o menos diversificado entre os grupos reconhecidos. Incluiu 10 espécies registadas em 4 povoamentos, com uma riqueza média de espécies de 4,25±2,87 povoamentos $^{-1}$ e um índice de diversidade de Shannon-Wiener de 1,27±0,69. Ocorreu no solo com os níveis mais elevados de CE, SST, Ca^{+2} e MO (Quadro 11). Por outro lado, estes solos registaram baixos teores de areia fina, silte, Cl^{-} e água e baixos valores de pH. A espécie codominante que registou um valor de presença de 50% foi *Schouwia purpurea* (Tabela 12). As espécies esporádicas compreendiam 7 espécies que incluíam, entre outras, *Morettia philaeana, Aerva javanica, Tetraena simplex* e *Tamarix aphylla* (Tabela 12). *A espécie Phragmites australis* mostrou consistência neste grupo. **Grupo (B1):** Grupo *Zilla spinosa-Acacia tortilis* subsp. *raddiana*

Este grupo incluiu 13 espécies registadas em 3 povoamentos, com uma riqueza média elevada de espécies de 7,67±1,53 espécies em povoamento^{-1}, e um índice de diversidade de Shannon-wiener de 2,02±0,21 (Quadro 11). Os 3 povoamentos deste grupo ocorreram em solos com os teores mais elevados de cascalho, areia grossa e SO_4^{-2}, e os teores mais baixos de argila, CE, SST, K^{+} e Ca^{+2}. *Citrullus colocynthis* e *Pulicaria undulata* subsp. *undulata* partilharam a dominância (P= 100%) com *Zilla spinosa* e *Acacia tortilis* subsp. *raddiana.* As duas espécies co-dominantes associadas (P=66,7%) foram *Lotus hebranicus* e *Asphodelus tenufolius.* As espécies esporádicas foram representadas por 7 espécies (e.g., *Fagonia thebaica, Suaeda monoica, Senna italica* e *Cleome amblyocarpa* (Quadro 12). *Senna italica, A. tenufolius* e *C. amblyocarpa* restringiram-se a este grupo.

Grupo (B2): Grupo *Zilla spinosa-Aerva javanica-Pulicaria undulata* subsp. *undulata-Pergularia tomentosa*

As 11 espécies registadas neste grupo foram amostradas em 4 povoamentos, com uma riqueza média de espécies de 5,5±1,92 espécies em povoamento^{-1}, e um índice de diversidade de Shannon de 1,66±0,34. Estes povoamentos apresentam os solos com os valores mais elevados de Na^{+} e Cl^{-}. Pelo contrário; cascalho, silte, Ca^{+2}, Mg^{+2}, HCO_3^{-} e SO4 registaram teores baixos entre os outros grupos (Tabela 11). As espécies co-dominantes com um valor de presença de 50% foram *Acacia tortilis* subsp. *raddiana, Heliotropium bacciferum* e *Iphiona mucronata.* Quatro espécies esporádicas incluíram *Leptadenia pyrotechnica, Zygophyllum coccineum, Panicum turgidum* e *Polycarpaea repens.* Seis espécies mostraram consistência com este grupo, incluindo, entre outras, *Heliotropium bacciferum, Iphiona mucronata, Zygophyllum coccineum* e *Panicum turgidum* (Quadro 12). **Grupo (C):** Grupo *Zilla spinosa-Astragalus vogelii*

Foram registadas 16 espécies em 4 povoamentos, com uma riqueza média de espécies elevada de 8,25±2,36 povoamentos^{-1} e um índice de diversidade de Shannon-Wiener de 2,07±0,33 (Quadro 11). Os povoamentos deste grupo habitavam solos com maior teor de silte. A condutividade eléctrica, os sais solúveis totais, o Mg^{+2} e a matéria orgânica apresentaram os teores mais baixos. As espécies co-dominantes associadas (P=50-75%) foram *Fagonia thebaica, Morettia philaeana, Trichodesma africanum, Tetraena simplex, Tribulus pentandrus, Lotus hebranicus* e *Eremobium aegyptiacum.* As espécies esporádicas incluíam, entre outras, *Acacia tortilis* subsp. *raddiana, Caroxylon imbricatum, Suaeda monoica, Cotula cinerea* e *Euphorbia granulata.* As espécies consistentes com este grupo foram *Forsskaolea tenacissima, Cotula cinerea, Eremobium aegyptiacum, Euphorbia granulata* e *Monsonia heliotropoides* (Quadro 12).

Grupo (D1): Grupo *Fagonia thebaica-Morettia philaeana*

O grupo incluiu 9 espécies registadas em 3 povoamentos elevados, com uma riqueza média de espécies de 8,0±0,0 espécies por povoamento^{-1}, e um índice de diversidade de Shannon de 2,08±0,0. Os povoamentos deste grupo habitavam solos ricos em cascalho, silte, argila, Ca^{+2}, so_4^{-2}, Mg^{+2} e teores de MO (Tabela 11). Sete espécies das nove registadas neste grupo (cerca de 78% das espécies deste grupo) estavam representadas nos seus 3 povoamentos (P= 100%), e eram *Zilla spinosa, Acacia tortilis* subsp. *raddiana, Caroxylon imbricatum, Fagonia thebaica, Morettia philaeana, Schouwia purpurea* e *Farsetia stylosa.* A espécie codominante que tem um valor de presença de 66,7% foi *Aerva javanica.* A espécie esporádica foi *Citrullus colocynthis.* Entretanto, o arbusto dominante, *Farsetia stylosa*, estava confinado a este grupo (Quadro 12).

Grupo (D2): Grupo *Zilla spinosa- Caroxylon imbricatum- Fagonia thebaica- Morettia philaeana*

É o grupo de vegetação mais diversificado (15 espécies registadas em 6 povoamentos), com a maior riqueza média de espécies (8,33±2,07 espécies em povoamentos^{-1}) e o maior índice de diversidade de Shannon-Wiener de 2,09±0,28 (Tabela 11). Os povoamentos deste grupo habitavam solos ricos em cascalho, areia grossa, silte, SST, Ca^{+2} e so_4^{-2}, e médias baixas de pH e CE com o máximo de bicarbonatos, mas tinham o menor teor de água (0,68% do solo wt.). As espécies associadas co-dominantes com valores de presença de 50-83,3% foram

Citrullus colocynthis, Schouwia purpurea, Trichodesma africanum, Tetraena simplex e *Pulicaria undulata* subsp. *undulata.* As espécies esporádicas incluíam *Acacia tortilis* subsp. *raddiana, Aerva javanica, Astragalus vogelii, Tribulus pentandrus* e *Cistanche phelypaea.* O parasita *Cistanche phelypaea* foi consistente com esta comunidade (Quadro 12).

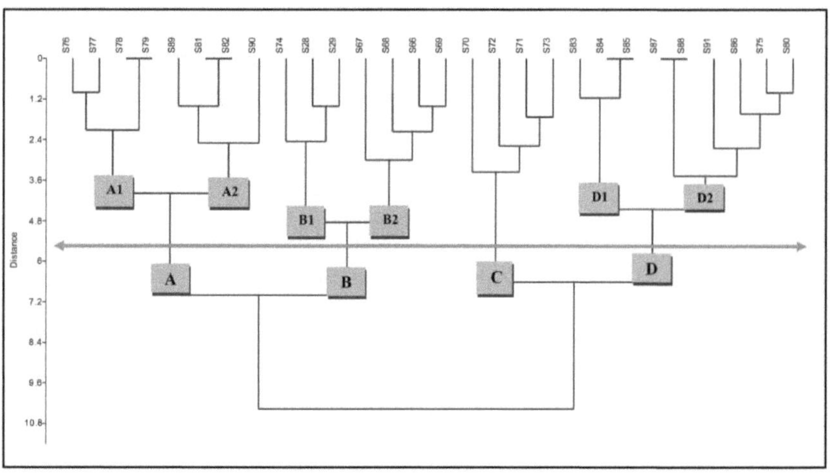

Figura 15: Dendrograma mostrando a análise de agrupamento dos 28 povoamentos estudados ao longo do transecto Idfu-Marsa Alam, com os sete grupos de vegetação (Al-D2) ilustrados.

Tabela 11: Valores médios, desvios-padrão (DP) e valores ANOVA das variáveis do solo nos grupos de vegetação (Al-D2) do transecto Idfu-Marsa Alain. CE=condutividade eléctrica (mS.cm^^{1}), SST (%), fracções do solo (%), CS=areia grossa, FS=areia fina, Na, K, Ca, Mg, Cl e HCO_3 (mg. g^^{1} d. wt. solo), SO_4 (µg. g-1 d.wt. solo), OM (%), SR=Riqueza de espécies e H^5=Índice de Shannon-Wiener, *=p <

0,05, **=p < 0,01

Factores do solo	Total Meios	Grupos de vegetação Al	A2	Bl	B2	C	Dl	D2	Valor F	*P*
Cascalho	11.35±8.94	9.88±6.67	13.19±8.82	21.55±6.46	4.01±3.64	8.34±0.79	11.66±1.32	12.74±9.65	1.34	0.284
CS	15.69±10.49	11.20±9.33	16.68±8.36	27.89±9.81	18.04÷14.54	10.56±7.58	7.14±5.32	18.07±9.79	1.552	0.21
FS	6.20±4.54	3.46±2.81	5.44±0.99	12.39±5.86	6.75±6.02	8.17±4.09	2.12±1.47	5.81±3.37	2.199	0.084
Silte	35.29±14.42	25.85±8.90	34.69±15.45	31.42±7.17	23.61±9.11	52.55±19.54	39.40±5.35	38.16±13.13	2.326	0.07
Argila	31.47±20.22	49.62±23.21	30.00÷13.18	6.75±3.14	47.58±28.18	20.39±9.39	39.68±15.81	25.23±11.02	**3.034***	**0.027**
pH	8.04±0.22	8.22±0.22	7.86±0.13	8.12±0.43	8.09±0.09	8.07±0.10	7.75±0.15	8.07±0.11	**2.763***	**0.039**
CE	0.31±0.10	0.26±0.07	0.40±0.19	0.24±0.03	0.36±0.07	0.24±0.05	0.30±0.04	0.33±0.05	1.917	0.125
TSS	0.10±0.03	0.08±0.02	0.13±0.06	0.08±0.01	0.12±0.02	0.08±0.02	0.09±0.01	0.11±0.02	1.917	0.125
Na	0.11±0.10	0.06±0.03	0.12±0.08	0.08±0.02	0.23±0.03	0.11±0.10	0.08±0.03	0.09±0.04	1.275	0.311
K	0.05±0.01	0.04±0.01	0.05±0.01	0.03±0.00	0.06±0.01	0.04±0.00	0.05±0.00	0.05±0.01	2.341	0.069
Ca	0.28±0.03	0.17±0.03	0.63±0.02	0.13±0.04	0.23±0.03	0.21±0.02	0.30±0.04	0.28±0.07	1.792	0.149
Mg	0.09±0.02	0.10±0.03	0.08±0.03	0.08±0.02	0.09±0.01	0.06±0.02	0.10±0.02	0.09±0.01	1.735	0.162
Cl	0.08±0.04	0.08±0.01	0.07±0.01	0.12±0.08	0.13±0.05	0.07±0.02	0.06±0.01	0.07±0.01	**2.756***	**0.039**
HCO_3	0.17±0.04	0.16±0.03	0.20±0.01	0.16±0.04	0.15±0.03	0.17±0.02	0.11±0.01	0.21±0.03	**5.321***	**0.002**
SO_4	1.18±1.05	0.28±0.20	1.03±0.1	2.97±2.01	0.95±0.09	0.51±0.04	1.26±0.49	1.54±0.99	2.086	0.098
WC	1.52±1.05	1.26±0.81	1.10±0.35	2.80±1.93	3.20±0.70	1.44±0.08	0.73±0.06	0.68±0.18	1.03	0.434
OM	1.17±0.06	1.14±0.03	1.20±0.03	1.17±0.03	1.20±0.04	1.ll±0.09	1.20±0.02	1.17±0.06	1.623	0.19
SR	6.82±2.36	5.50±1.00	4.25±2.87	7.67±1.53	5.50±1.92	8.25±2.36	8.00±0.00	8.33±2.07	**2.946***	**0.03**
H'	1.84±0.43	1.69±0.17	1.27±0.69	2.02±0.21	1.66±0.34	2.07±0.33	2.08±0.00	2.09±0.28	**3.15***	**0.023**

Tabela 12: Composição florística nos grupos de vegetação do transecto Idfu-Marsa Alam. Os números a **negrito** são as espécies com valores de presença mais elevados.

Grupos de vegetação	**Al**	**A2**	**B1**	**B2**	**C**	**D1**	**D2**
Número total de stands	**4**	**4**	**3**	**4**	**4**	**3**	**6**
Número total de espécies	**8**	**10**	**13**	**11**	**16**	**9**	**15**
Zilla spinosa	**100**	**100**	**100**	**75**	**100**	**100**	**100**
Acacia tortilis subsp. *raddiana*	75		**100**	**50**	25	**100**	16.7
Caroxylon imbricatum	**100**	**100**	33.3		25	**100**	**100**
Fagonia thebaica			33.3		75	**100**	**100**
Morettia philaeana	**100**	25			75	**100**	**100**
Aerva javanica		25		**75**		66.7	16.7
Citrullus colocynthis	**50**		**100**			33.3	66.7
Schouwia purpurea		**50**				**100**	83.3
Trichodesma africanum		25	33.3		50		50
Tetraena simplex		25	33.3		50		66.7
Astragalus vogelii		25			**100**		16.7
Tribulus pentandrus Pulicaria undulata subsp.					75		16.7

undulata	**50**		**100**	**75**			50
Tamarix aphylla		25					33.3
Cistanche phelypaea							16.7
Farsetia stylosa						**100**	
Suaeda monoica			33.3		25		
Lotus hebranicus			**66.7**		**50**		
Forsskaolea tenacissima					25		
Monsonia heliotropoides					25		
Cotula cinerea					25		
Eremobium aegyptiacum					**75**		
Euphorbia granulata					25		
Leptadenia pyrotechnica	25			25			
Heliotropium bacciferum				**50**			
Iphiona mucronata				**50**			
Pergularia tomentosa				**75**			
Zygophyllum coccineum				25			
Panicum turgidum				25			
Polycarpaea repens				25			
Senna italiana			33.3				
Asphodelus tenufolius			**66.7**				
Cleome amblyocarpa			33.3				
Phragmites australis		25					
Calotropis procera	**50**						

2- Ordenação de estandes

Os sete grupos de vegetação resultantes da análise de agrupamento foram traçados ao longo do eixo 1 da DCA (valor próprio 0,626) e do eixo 2 da DCA (valor próprio 0,296). No entanto, o eixo 2 da DCA, com o seu comprimento de gradiente baixo (2,32 unidades de desvio padrão; SD), foi menos importante do que o eixo 1 da DCA (Figura 16). A variância percentual acumulada dos dados das espécies do eixo DCA 1 foi de 16,1% e foi de 23,7% para o eixo DCA 2. Os povoamentos dos grupos (A2, C, D1 e D2) separaram-se em direção ao lado positivo do eixo DCA 1. No entanto, os do grupo (B2) separaram-se ao longo da extremidade positiva do eixo DCA 2. Por outro lado, os povoamentos dos grupos (A1) e (B1) foram transitórios na sua composição entre os outros grupos.

Citrullus colocynthis

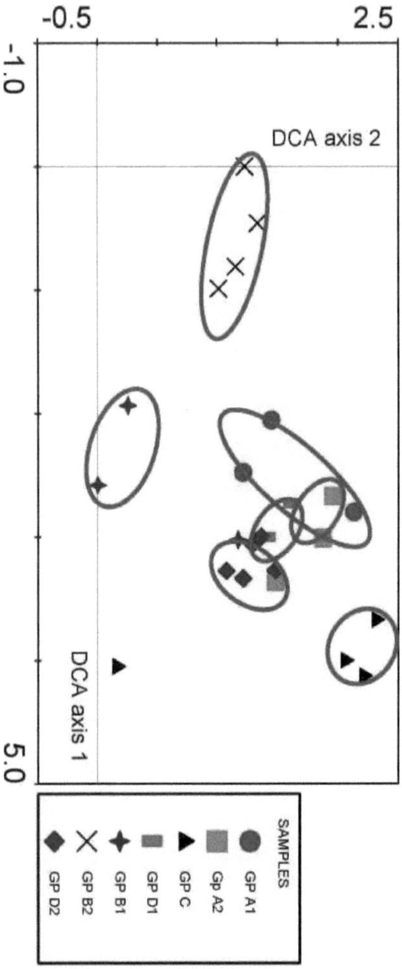

Figura 16: Diagrama DCA mostrando a distribuição dos 28 povoamentos do transecto Idfu-Marsa Alam, dentro dos seus grupos de vegetação.

3- Relações solo-vegetação

Argila, pH, Cl^- e HCO3 apresentaram diferenças significativas entre os grupos identificados (Tabela 11). A Análise de Correspondência Canónica (CCA) foi utilizada para estudar a relação entre as variáveis da vegetação e do solo. A Figura (17) mostra o biplot de ordenação da CCA com os grupos de vegetação (A1-D2) e as variáveis de solo examinadas. Observa-se que os povoamentos do grupo (A1) apresentaram alta correlação com cascalhos, pH, WC, Cl^- e Mg^{+2}, enquanto os povoamentos do grupo (A2) apresentaram alta correlação com potássio, cálcio, matéria orgânica, argila e areia fina. Os povoamentos do grupo (B1) mostraram alguma correlação com Mg e cascalho, enquanto os do grupo (B2) mostraram uma correlação fraca com a maioria dos factores do solo medidos (por exemplo, WC, OM, SO_4^{-2}, Na^+ e areia fina). Os membros do grupo (C) não foram afectados por nenhum fator do solo, exceto a fração de silte. Os povoamentos do grupo (D1) foram correlacionados com cascalho, argila e OM. Os cascalhos e o HCO3 foram os principais factores do solo que afectaram a vegetação do grupo (D2).

Verificou-se uma diminuição sucessiva dos valores próprios dos dois primeiros eixos da CCA (0,55 e 0,4 para os eixos 1 e 2, respetivamente), ilustrada no Quadro (13), e as correlações interconjuntos resultantes da CCA das variáveis do solo examinadas foram apresentadas no Quadro (13). A variância percentual acumulada da correlação espécie-ambiente foi de 49,9% para os dois primeiros eixos. O eixo 1 da CCA foi altamente correlacionado positivamente com o Na e altamente correlacionado negativamente com o silte, podendo este eixo ser inferido como gradiente Na-silte. O eixo 2 da CCA foi correlacionado de forma altamente positiva com o Mg e altamente negativa com o silte (gradiente Mg-silte). O teste de permutação de Monte Carlo para o valor próprio do primeiro eixo revelou-se significativo (P=0,038).

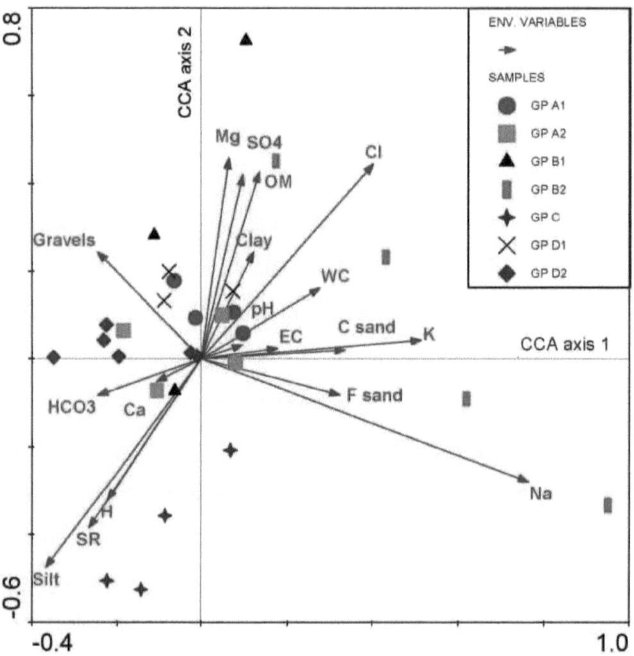

Figura 17: Análise de correspondência canónica (CCA) biplot dos eixos 1 e 2 mostrando a distribuição dos 28 povoamentos do transecto Idfu-Marsa Alam, juntamente com os seus grupos de vegetação e variáveis do solo.

Quadro 13: Correlação interconjuntos da análise CCA para as variáveis do solo, juntamente com os valores próprios e a correlação espécie-ambiente em T2 (transecto Idfu-Marsa Alam).

Transect	Idfu-Marsa	
Axes	1	2
Eigenvalues	0.550	0.400
Species– environment correlations	0.948	0.98
Gravels (%)	-0.233	0.239
Coarse sand (%)	0.319	0.020
Fine sand (%)	0.307	-0.081
Silt (%)	-0.348	-0.466
Clay (%)	0.115	0.238
Water Content (%)	0.263	0.159
Organic Matter (%)	0.128	0.418
pH	0.091	0.032
EC mS. Cm^{-1}	0.168	0.024
Na (mg. g^{-1} dry soil)	0.724	-0.274
K (mg. g^{-1} dry soil)	0.488	0.042
Ca (mg. g^{-1} dry soil)	-0.100	-0.051
Mg (mg. g^{-1} dry soil)	0.061	0.449
Cl (mg. g^{-1} dry soil)	0.382	0.435
HCO_3 (mg. g^{-1} dry soil)	-0.233	-0.082
SO_4 (µg. g^{-1} dry soil)	0.091	0.411
Species Richness (SR)	-0.252	-0.377
Shannon index (H)	-0.212	-0.315

III. Assuão-Kharit-Gimal (T3)

1- Classificação da vegetação

O conjunto de dados florísticos (46 povoamentos X 52 espécies) deste transecto foi submetido a uma classificação utilizando a análise de agrupamento, que produziu 4 grupos de vegetação (Figura 19). A maior parte dos povoamentos dos grupos (A) e (B) foram amostrados na parte nordeste deste transecto; em Wadi Gimal e no seu afluente (Wadi Hafafit). Os povoamentos do grupo (C) foram representados em Wadi Natash (o afluente de Wadi Kharit). Entretanto, os povoamentos de Wadi Kharit estavam confinados ao grupo (D). Este transecto tinha três espécies caraterísticas (P=100%): *Zilla spinosa, Morettia philaeana* e *Balanites aegyptiaca* (Tabela 15). Cerca de metade das espécies registadas neste transecto tinham um grau de consistência com o grupo (D).

Lupinus digitatus

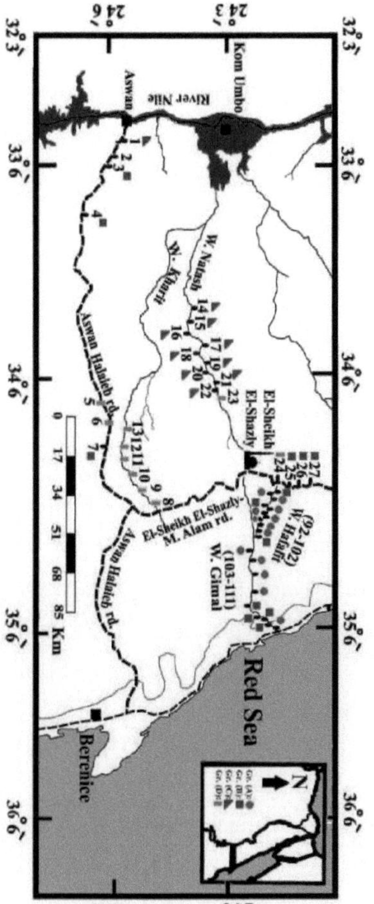

Figura 18: Mapa de localização de T3 mostrando a distribuição dos 4 grupos de vegetação (ver Figura 20 para os grupos).

Grupo (A): Grupo *Balanites aegyptiaca.*

Incluía 15 espécies registadas em 13 povoamentos, com a menor riqueza média de espécies de 4,15±2,04 povoamentos de espécies^{-1} e um índice de diversidade de Shannon-Wiener de 1,3±0,55 (Quadro 14). Este solo também apresentou a condutividade eléctrica mais elevada, sais solúveis totais, Na^{+} , K^{+} e Ca^{+2}, e todos os aniões medidos. Os níveis mais baixos de Mg (0,05 mg. g^{-1}) e de teor de água (0,25% do peso do solo) foram registados nos solos deste grupo. As espécies co-dominantes associadas (P=38,5-76,9%) foram *Zilla spinosa, Acacia tortilis* subsp. *raddiana* e *Tamarix aphylla.* As espécies esporádicas (P= 7,715,4%) foram *Capparis decidua, Ochradenus baccatus, Aerva javanica, Panicum turgidum, Farsetia stylosa, Forsskaolea tenacissima, Zygophyllum coccineum, Calotropis procera, Leptadenia pyrotechnica.* As três espécies consistentes com este grupo foram *Balanites aegyptiaca, Capparis decidua* e *Ochradenus baccatus* (Quadro 15).

Grupo (B): Grupo *Acacia tortilis* subsp. *raddiana*

Este grupo incluiu 18 espécies registadas em 13 povoamentos, com uma riqueza média de espécies de 4,64±3,78 povoamentos^{-1}, e um índice de diversidade de ShannonWiener de 1,26±0,69. Os povoamentos deste grupo ocorreram em solos com os maiores teores de cascalho e os menores teores de areia fina, silte, pH, Ca^{+2}, Cl^{-}, HCO_3^{-} e matéria orgânica (Quadro 14). As espécies co-dominantes (P= 30,8-38,5%) foram *Zilla spinosa, Panicum turgidum* e *Tamarix aphylla.* Treze espécies foram registadas em apenas um povoamento, por exemplo, *Lotus hebranicus, Aerva javanica, Pulicaria undulata* subsp. *undulata, Fagonia indica, Calotropis procera, Leptadenia pyrotechnica, Salvadora persica.* As espécies consistentes com este grupo foram *Cleome droserifolia, Senna holocericea, Tamarix nilotica* e *Reseda pruinosa* (Tabela 15).

Grupo (C): Grupo *da Morettia philaeana*

Este grupo (18 espécies, 10 povoamentos) apresentou uma riqueza média de espécies de 6,3±3,34 espécies em povoamento^{-1} e um índice de diversidade de Shannon-wiener de 1,75±0,44 (Quadro 14). Os povoamentos deste grupo ocorreram em solos ricos em areia grossa, areia fina e matéria orgânica, com um valor de pH elevado e os teores mais baixos de argila, CE, SST, HCO_3^{-} e K^{+} . As espécies co-dominantes (P=70- 90%) incluíram *Zilla spinosa, Acacia tortilis* subsp. *raddiana, Citrullus colocynthis* e *Senna italica.* As espécies esporádicas foram representadas por 11 espécies; sete destas espécies restringiram-se a este grupo e foram *Convolvulus hystrix, Caroxylon imbricatum, Oxystelma esculentum, Suaeda monoica, Glinus lotoides, Malva parviflora* e *Tribulus megistopterus* (Quadro 15).

Grupo (D): Grupo *Zilla spinosa-Astragalus eremophilus-Cotula cinerea*

É o mais diversificado entre os grupos de vegetação separados. As 31 espécies deste grupo foram registadas em 10 povoamentos, com uma riqueza média de espécies de

12,3±2,79 espécies por povoamento^{-1} e um índice de diversidade de Shannon de 2,48±0,25. Os povoamentos deste grupo habitavam solos com maior teor de silte, argila, Mg e água, e baixos teores de cascalhos, areia grossa , e salinidade (SST, Na), SO_4^{-2} e potássio (Tabela 14). Catorze espécies esporádicas tiveram valores de presença entre 10-20%, como *Forsskaolea tenacissima, Pulicaria incisa, Euphorbia granulata, Launaea amal- aminae, Senna italica, Aerva javanica, Panicum turgidum, Trichodesma africanum, Pergularia tomentosa, Eremobium aegyptiacum* e *Launaea capitata* (Tabela 15). As espécies co-dominantes associadas (P=60-90%) foram *Morettia philaeana, Acacia tortilis* subsp. *raddiana, Asphodelus tenufolius, Citrullus colocynthis, Farsetia stylosa, Astragalus vogelii, A. eremophilus, Launaea nudicaulis* e *Cotula cinerea.* Dezasseis espécies (cerca de 52% da flora deste grupo) estavam restritas apenas a este grupo (por exemplo, *Schouwia purpurea, Pergularia tomentosa, Pulicaria incisa, Lupinus digitatus, Launaea capitata, L. nudicaulis* e *L. amal-aminae*).

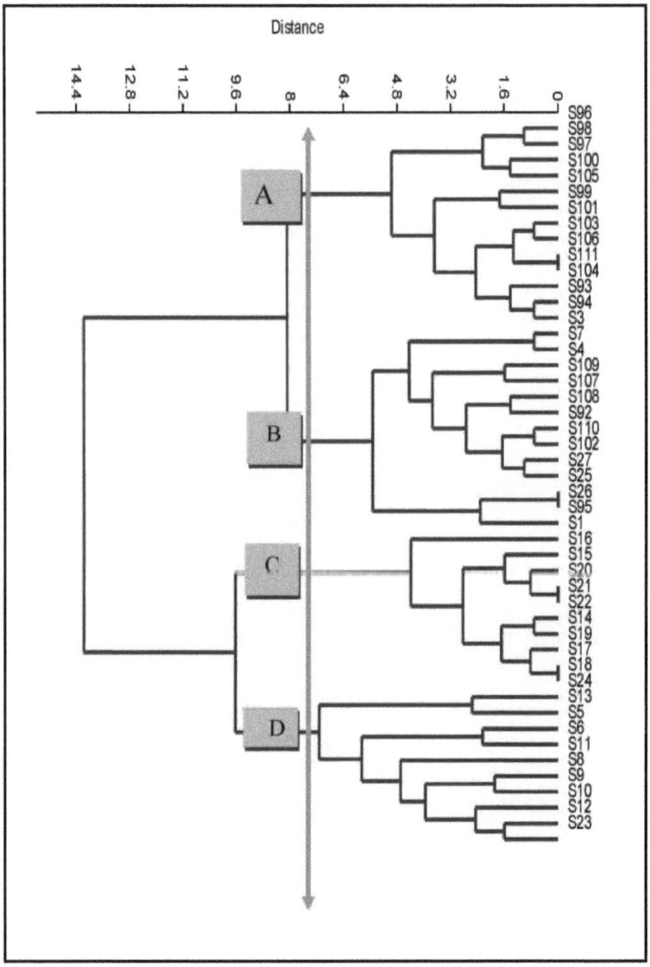

Figura 19: Dendrograma mostrando a análise de agrupamento dos 46 povoamentos estudados ao longo do transecto Aswan-Kharit-Gimal, com os quatro grupos de vegetação (A-D) ilustrados.

Tabela 14: Valores médios, desvios-padrão (DP) e valores ANOVA das variáveis do solo nos grupos de vegetação (A-D) do transecto Assuão- Kharit-Gimal. CE=Condutividade eléctrica (mS.cm-1), TSS (%), fracções do solo (%), CS= Areia grossa, FS= Areia fina, Na, K, Ca, Mg, Cl e HCO3 (mg. g-1 d.wt. solo), SO4 (µg. g-1 d.wt. solo), OM (%), SR=Riqueza de espécies e H'=Índice de Shannon-Wiener. **= p < 0.01

Factores do solo	**Total Meios**	**Grupos de vegetação** A	B	C	D	**Valor F**	***P***
Cascalho	11.94±11.82	9.61±10.43	16.77±15.22	12.69±11.69	7.49±5.54	1.478	0.234
CS	21.04±12.40	20.58±14.93	19.65±12.81	25.27±12.35	19.35±8.50	0.498	0.685
FS	11.78±6.34	12.08±5.78	10.45±5.99	14.22±8.39	10.80±5.30	0.778	0.513
Silte	37.79±15.66	38.35±19.58	35.04±15.85	35.84±16.26	42.86±8.31	0.534	0.662
Argila	17.45±11.68	19.38±9.59	18.10±14.90	11.98±8.40	19.51±11.82	0.966	0.417
pH	7.86±0.55	7.85±0.16	7.81±0.31	7.96±0.80	7.83±0.85	0.144	0.933
CE	0.29±0.33	0.43±0.61	0.26±0.09	0.21±0.06	0.23±0.05	1.104	0.358
TSS	0.09±0.11	0.14±0.20	0.08±0.03	0.07±0.02	0.07±0.02	1.104	0.358
Na	0.16±0.33	0.31±0.58	0.16±0.17	0.07±0.07	0.05±0.02	1.535	0.219
K	0.06±0.15	0.14±0.28	0.03±0.01	0.02±0.01	0.02±0.01	1.74	0.173
Ca	0.15±0.09	0.17±0.15	0.14±0.06	0.15±0.03	0.16±0.05	0.172	0.914
Mg	0.08±0.05	0.05±0.02	0.06±0.03	0.09±0.04	0.14±0.04	**18.54****	0.001
Cl	0.12±0.12	0.17±0.22	0.09±0.02	0.10±0.01	0.10±0.02	1.249	0.304
HCO3	0.17±0.06	0.19±0.05	0.16±0.05	0.16±0.06	0.18±0.08	0.713	0.55
SO4	1.58±2.01	2.68±3.17	1.43±0.96	1.44±1.49	0.49±0.83	2.541	0.069
WC	0.72±0.74	0.25±0.13	0.38±0.21	0.91±0.51	1.63±1.02	**15.18****	0.001
OM	1.04±0.08	1.04±0.09	1.02±0.08	1.10±0.06	1.03±0.09	2.26	0.095
SR	6.49±4.60	4.15±2.04	4.64±3.78	6.30±3.34	12.30±2.79	**12.65****	0.001
H'	1.63±0.70	1.30±0.55	1.26±0.69	1.75±0.44	2.48±0.25	**12.88****	0.001

Tabela 15: Composição florística nos grupos de vegetação do transecto Aswan-Kharit-Gimal. Os números a **negrito** são as espécies com valores de presença mais elevados.

Grupos de vegetação	**A**	**B**	**C**	**D**
Número total de stands	**13**	**13**	**10**	**10**
Número total de espécies	**15**	**18**	**18**	**31**
Zilla spinosa Acacia tortilis	**76.9**	**38.5**	**90**	**100**
subsp. *raddiana*	**38.5**	**69.2**	**90**	**70**
Lotus hebranicus		15.4	10	50
Citrullus colocynthis			**90**	**60**
Morettia philaeana			**100**	**80**
Senna italiana			70	10
Astragalus eremophilus			50	**90**
Tribulus pentandrus			30	20
Tetraena simplex			10	30
Aerva javanica	7.7	15.4		10
Panicum turgidum	15.4	**30.8**		10
Trichodesma africanum		7.7		10
Polycarpaea robbairea		7.7		20
Farsetia stylosa	15.4			**60**
Forsskaolea tenacissima	7.7			20
Pergularia tomentosa				10

Launaea nudicaulis				**60**
Monsonia heliotropoides				50
Pulicária incisa				20
Asphodelus tenufolius				**70**
Astragalus vogelii				**60**
Cleome amblyocarpa				50
Cotula cinerea				**90**
Eremobium aegyptiacum				10
Euphorbia granulata				20
Hippocrepis constricta				30
Launaea capitata				10
Launaea amal-aminae				20
Lupinus digitatus				30
Polycarpaea repens				20
Schouwia purpurea				40

Quadro 15: Cont.

Pulicaria undulata subsp. *undulata*	23.1	7.7	10	
Fagónia indica		15.4	10	
Convolvulus hystrix			10	
Caroxylon imbricatum			10	
Oxystelma esculentum			10	
Suaeda monoica			10	
Glinus lotoides			10	
Malva parviflora			10	
Tribulus megistopterus			10	
Zygophyllum coccineum	7.7	23.1		
Calotropis procera	15.4	7.7		
Leptadenia pyrotechnica	15.4	7.7		
Salvadora persica	23.1	7.7		
Tamarix aphylla	**53.8**	**38.5**		
Cleome droserifolia		15.4		
Senna holocericea		15.4		
Tamarix nilotica		15.4		
Reseda pruinosa		7.7		
Balanites aegyptiaca	**100.0**			
Capparis decidua	7.7			
Ochradenus baccatus	7.7			

2- Ordenação de estantes

A figura (20) apresenta os resultados da ordenação da análise DCA do conjunto de dados florísticos. Os 46 sítios foram representados ao longo dos dois primeiros eixos da DCA e tendem a agrupar-se em 4 grupos de vegetação que resultaram da análise de agrupamento descrita anteriormente. Os sítios foram distribuídos em 5 unidades SD ao longo dos dois primeiros eixos com valores próprios de 0,698 e 0,532, respetivamente, o que exprime a elevada variação florística entre os grupos de vegetação e indica que ocorreu uma rotação completa na composição das espécies. Os dois primeiros eixos explicaram 29,5% da variação total dos dados sobre as espécies, o que pode ser atribuído aos muitos valores zero na matriz de dados sobre a vegetação. Os povoamentos dos grupos (A) e (B) foram separados ao longo da extremidade positiva do eixo 1 da DCA, enquanto os povoamentos dos grupos (C) e (D) se encontravam na extremidade positiva do eixo 2.

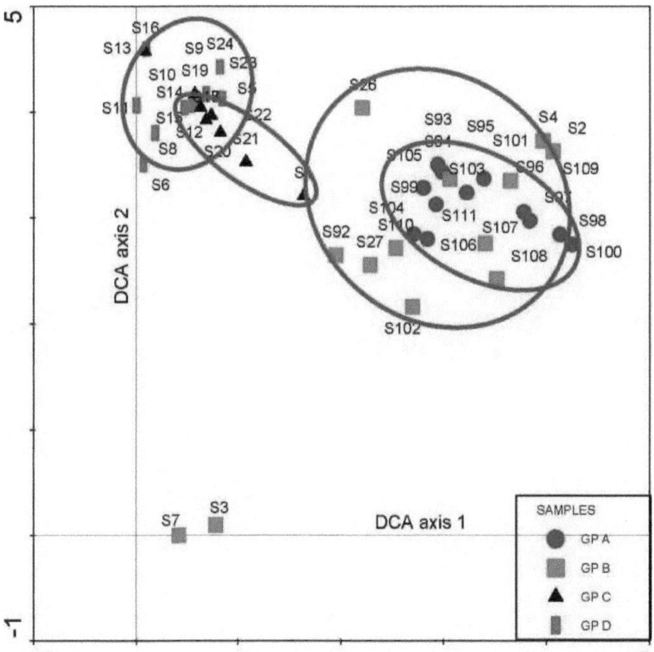

Figura 20: Diagrama DCA mostrando a distribuição dos 46 povoamentos do transecto Aswan-Kharit-Gimal dentro dos seus grupos de vegetação sobrepostos.

3- Relações solo-vegetação

As diferenças significativas nas variáveis do solo examinadas dentro dos grupos de vegetação separados foram demonstradas na tabela 14. Os teores de magnésio e água apresentaram diferenças significativas elevadas entre os grupos com $p < 0,01$. A figura (21) mostra o biplot de ordenação da CCA com os grupos de vegetação (A-D) e as variáveis de solo examinadas. Pode-se notar que os povoamentos dos grupos (A) e (B) foram correlacionados com argila, sódio, potássio e todos os aniões medidos (Cl^-, HCO_3^- e SO_4^{-2}). Por outro lado, os povoamentos do grupo (C) estavam altamente associados à areia fina, silte e Ca^{+2} e de alguma forma aos cascalhos e Na^+ . Comentários semelhantes podem ser acrescentados aos povoamentos do grupo (D) que se relacionam com o teor de água e Mg^{+2}.

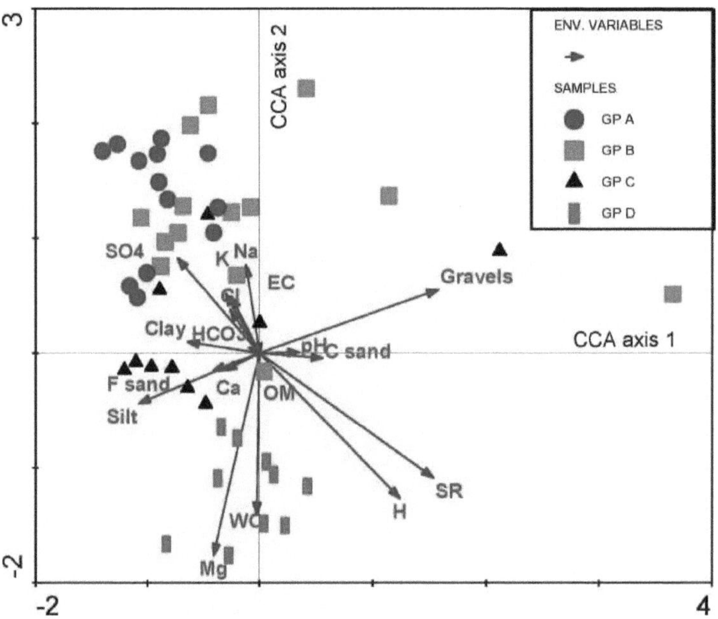

Figura 21: Análise de correspondência canónica (CCA) biplot dos eixos 1 e 2, mostrando a distribuição dos 46 povoamentos do transecto Aswan-Kharit-Gimal, juntamente com os seus grupos de vegetação e variáveis do solo.

As correlações espécie-ambiente foram mais elevadas para os dois primeiros eixos (0,963 e 0,942 para os eixos 1 e 2, respetivamente). A aplicação da CCA indicou que os cascalhos, o silte, os sulfatos e o magnésio constituíam os principais gradientes edáficos em atividade neste transecto (quadro 16). Estes gradientes estavam estreitamente relacionados com os dois primeiros eixos e representavam 51,5% da variância acumulada. Estes resultados sugerem uma associação entre a vegetação e os parâmetros medidos do solo apresentados no biplot. O eixo 1 da CCA foi altamente correlacionado positivamente com cascalho e altamente correlacionado negativamente com silte. Assim, este eixo pode ser interpretado como um gradiente cascalho-silte. O eixo 2 da

CCA foi altamente correlacionado positivamente com o sulfato e altamente negativamente com o magnésio. Assim, este eixo pode ser interpretado como um gradiente de sulfato-magnésio.

Quadro 16: Correlação interconjuntos da análise CCA para as variáveis do solo, juntamente com os valores próprios e a correlação espécie-ambiente em T3 (transecto Aswan-Kharit-Gimal).

Transect	Aswan-Kharit-Gimal	
Axes	1	2
Eigenvalues	0.593	0.565
Species– environment correlations	0.963	0.942
Gravels (%)	0.727	0.246
Coarse sand (%)	0.258	-0.020
Fine sand (%)	-0.189	-0.069
Silt (%)	-0.496	-0.196
Clay (%)	-0.296	0.043
Water Content (%)	-0.011	-0.627
Organic Matter (%)	0.002	-0.009
pH	0.162	0.003
EC mS. Cm^{-1}	-0.116	0.221
Na (mg. g^{-1} dry soil)	-0.055	0.343
K (mg. g^{-1} dry soil)	-0.138	0.231
Ca (mg. g^{-1} dry soil)	-0.142	-0.069
Mg (mg. g^{-1} dry soil)	-0.186	-0.786
Cl (mg. g^{-1} dry soil)	-0.119	0.169
HCO_3 (mg. g^{-1} dry soil)	-0.045	0.022
SO_4 µg. g^{-1} dry soil	-0.337	0.369
Species Richness (SR)	0.708	-0.486
Shannon index (H)	0.572	-0.565

IV. Costa do Mar Vermelho (T3)

1- Classificação da vegetação

A classificação do conjunto de dados florísticos (46 espécies × 46 povoamentos) foi classificada utilizando a análise de agrupamento, resultando em 6 grupos de vegetação (Figura 23). A distribuição destes grupos ao longo do transecto da costa do Mar Vermelho foi apresentada na Figura (22). A maioria dos povoamentos do grupo (A) situava-se a sul da cidade de Qusier, enquanto os do grupo (B) se localizavam a sul da cidade de Safaga (entre 26° 6' e 26° 5' N). A norte da cidade de Marsa Alam e a sul dos povoamentos do grupo (A), foram encontrados povoamentos do grupo (C). Os povoamentos dos dois grupos (E1 e E2) estavam representados em redor da cidade de Marsa Alam, especialmente a sul da latitude (26° 6' N). Os povoamentos do grupo (D) estavam dispersos nas áreas dos grupos (A e E1). Foram registadas três espécies com valores de presença variáveis na maioria dos 6 grupos: *Tamarix nilotica, Crotalaria aegyptiaca* e *Zygophyllum coccineum* (Quadro 18).

Grupo (A): Grupo *Zilla spinosa-Zygophyllum coccineum*

Este grupo (22 espécies, 8 povoamentos) teve a riqueza média de espécies mais elevada, de 6,87±2,85 povoamentos de espécies^{-1}, e um índice de diversidade de Shannon-Wiener de 1,83±0,50 (Quadro 17). Os povoamentos deste grupo ocorreram em solos ricos em cascalho e atingiram valores mínimos de silte, CE, SST, Na^{+}, K^{+}, Ca^{+2}, HCO_3^{-} e SO_4^{-2}. As espécies esporádicas (P= 12,5%) foram *Phragmites australis, Arnebia hispidissima, Nitraria retusa, Fagonia indica, Taverniera aegyptiaca, Monsonia heliotropoides, Oligomeris linifolia* e *Tetraena simplex. Lotus hebranicus, Acacia tortilis* subsp. *raddiana, Malva parviflora, Convolvulus hystrix, Launaea nudicaulis* e *Astragalus vogelii* representaram as espécies co-dominantes (P=37,5-62,5%). As sete espécies consistentes neste grupo incluíram, entre outras, *Zilla spinosa, Tetraena simplex, Fagonia indica* e *Monsonia heliotropoides* (Tabela 18).

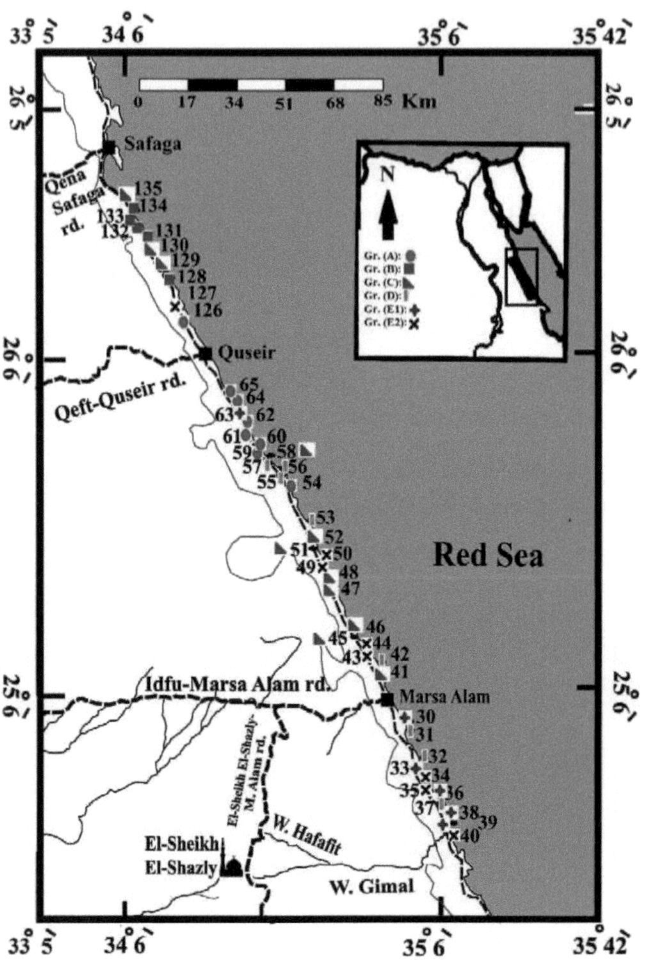

Figura 22: O mapa de localização que mostra a distribuição dos 6 grupos de vegetação ao longo do transecto da costa do Mar Vermelho. Para os símbolos dos grupos de vegetação, ver Figura (24).

Grupo (B): Grupo *Tamarix nilotica-Zygophyllum coccineum*

Este grupo incluiu 14 espécies registadas em 5 povoamentos, com uma riqueza média de espécies de 5,8±2,17 povoamentos $^{-1}$ e um índice de diversidade de ShannonWiener de 1,7±0,36. O solo deste grupo tinha os teores mais elevados de silte, CE, SST e todos os aniões e catiões medidos, e o nível mais baixo de pH (Quadro 17). Cerca de 57% das espécies registadas neste grupo (8 espécies; P= 20%) representavam espécies esporádicas e eram *Cleome droserifolia, Ochradinus baccatus, Fagonia thebaica, Cyperus rotundus, Leptochloa fusca, Juncus rigidus, Chenopodium murale* e *Sonchus oleraceus* (Quadro 18). As espécies co-dominantes (P= 60-80%) foram *Nitraria retusa* e *Phragmites australis.* As 7 espécies consistentes neste grupo incluíram *Fagonia thebaica Cyperus rotundus, Juncus rigidus, Chenopodium murale* e *Cynodon dactlyon* (Tabela 18).

Grupo (C): Grupo *Nitraria retusa-Tamarix aphylla*

Este grupo incluiu 16 espécies registadas em 11 povoamentos, com uma riqueza média baixa de espécies de 3,45±1,04 espécies em povoamento^{-1} e um índice de diversidade de Shannon-wiener de 1,2±0,32 (Quadro 17). Os povoamentos deste grupo ocorreram em solos com um valor de pH elevado e ricos em CE, SST, Na^+ , K^+ , Mg^{+2}, Cl^-, SO_4^{-2}, areia grossa e teores de água, enquanto OM e HCO_3^- registaram os níveis mais baixos. A espécie codominante (P=36,4%) foi a halófita *Arthrocnemum macrostachyum.* Oito espécies deste grupo (50% da flora do grupo) foram esporádicas (P= 9,1%); estas espécies foram *Crotalaria aegyptiaca, Limonium axillare, Launaea nudicaulis, Phragmites australis, Aeluropus littoralis, Panicum turgidum, Caroxylon imbricatum* e *Capparis spinosa.* As espécies consistentes com este grupo foram *Aerva javanica, Capparis spinosa, Cornulaca monacantha, Caroxylon imbricatum* e *Suaeda monoica* (Tabela 18).

Grupo (D): Grupo *Zygophyllum album*

As 11 espécies deste grupo foram registadas em 8 povoamentos, com uma riqueza média baixa de espécies de 2,5±1,6 espécies em povoamento^{-1}, e um índice de diversidade de Shannon de 0,72±0,68. Os povoamentos deste grupo apresentavam o maior teor de areia fina e nível de pH e baixos teores de argila, Cl^-, OM e Mg^{+2}. Oito espécies esporádicas (P= 12.5%) foram registadas neste grupo (e.g. *Crotalaria aegyptiaca, Limonium axillare, Zygophyllum coccineum, Aeluropus littoralis, Arnebia hispidissima*), as outras três espécies esporádicas (*Heliotropium bacciferum, Leptadenia pyrotechnica* e *Reseda pruinosa*) foram confinadas a este grupo (Tabela 18).

Grupo (E1): Grupo *Tamarix nilotica*

É o menos diversificado entre os grupos de vegetação separados. O grupo inclui 6 povoamentos com 8 espécies. A riqueza média de espécies deste grupo foi a mais baixa entre os outros grupos separados (2,33±1,75 povoamentos de espécies^{-1}) e o índice de diversidade de Shannon-Wiener foi de 0,61±0,24 (Quadro 17). Principalmente, o solo deste grupo tinha baixos teores da maioria dos factores do solo. Pelo contrário, estes solos são ricos em argila, matéria orgânica, K^+ e HCO_3^-. As seis espécies esporádicas (P= 16,7%) foram *Aeluropus littoralis, Phragmites australis, Avicennia marina, Lotus hebranicus, Malva parviflora* e *Polycarpaea repens*. *Acacia tortilis* subsp. *raddiana* foi apenas a espécie associada codominante com um valor de presença de 50% (Tabela 18).

Grupo (E2): Grupo *Limonium axillare*

Este grupo incluiu 10 espécies registadas em 8 povoamentos, com uma riqueza média de espécies baixa de 2,38±2,07 povoamentos^{-1} (baixa mas não a mais baixa) e um índice de diversidade de Shannon-Wiener de 0,56±0,20 (o mais baixo entre os grupos de vegetação). De um modo geral, o solo deste grupo teve uma tendência semelhante à de E1 (Tabela 17). Estes solos são ricos nos seus teores de silte, HCO_3^- e OM, mas têm os teores mais baixos de areia grossa e água. A Tabela 18 mostra que cerca de 70% das espécies registadas neste grupo (7 espécies) representavam espécies esporádicas (P= 12,5%) e eram *Acacia tortilis* subsp. *raddiana, Crotalaria aegyptiaca, Panicum turgidum, Convolvulus hystrix* e as três espécies consistentes neste grupo eram *Pulicaria undulata* subsp. *undulata, Hyphaene thebaica* e *Phoenix dactylifera.*

Tabela 17: Valores médios, desvios-padrão (DP) e valores ANOVA das variáveis do solo nos grupos de vegetação (A- E2) do transecto do Mar Vermelho. CE=Condutividade eléctrica (mS.cm^1), TSS (%), fracções do solo (%), CS=areia grossa, FS=areia fina, Na, K, Ca, Mg, Cl e HCO_3 (mg. g^1 d. wt. solo), SO_4 (μg. g-1 d.wt. solo), OM (%), SR=Riqueza de espécies e H^5=Índice de Shannon-Wiener. *=*p* < 0,05, **=*p*< 0,01

Solo	Total	Grupos de vegetação						F	*P*
		A	B	C	D	El	E2		
Cascalh	7.86±10.13	12.73±15.0	10.91±17.4	4.91±7.31	8.57±8.53	4.03±3.96	7.31±6.18	0.814	0.54
CS	21.30±22.1	15.43±16.2	12.14±7.26	35.08±32.3	26.69±23.6	17.05±14.0	11.77±10.4	1.698	0.15
FS	8.17±6.38	4.99±4.34	10.99±5.57	5.92±3.96	14.53±8.66	6.70±5.29	7.41±5.83	**3.14***	0.01
Silte	36.37±19.4	29.25±17.7	45.16±14.8	33.39±22.9	40.13±25.0	34.34±17.9	39.85±14.9	0.565	0.72
Argila	26.30±21.2	37.60±32.9	20.80±8.98	20.69±15.6	10.08±9.43	37.87±21.7	33.67±17.1	**2.52***	0.04
pH	7.72±0.55	7.96±0.59	7.16±0.41	7.73±0.53	8.06±0.38	7.48±0.43	7.68±0.61	**2.53***	0.04
CE	3.06±5.43	0.93±1.07	12.56±12.2	3.37±3.53	1.07±0.62	2.02±2.01	1.58±1.84	**5.57***	0.00
TSS	0.98±1.74	0.30±0.34	4.02±3.93	1.08±1.13	0.34±0.20	0.65±0.64	0.50±0.59	**5.57***	0.00
Na	2.21±3.71	0.52±0.60	8.33±8.48	2.51±2.63	1.06±0.96	1.57±1.47	1.31±1.32	**4,74^^**	0.00
K	0.13±0.14	0.05±0.02	0.30±0.32	0.14±0.09	0.10±0.08	0.17±0.17	0.10±0.08	**2.52***	0.04
Ca	1.48±2.41	0.69±0.87	5.34±5.87	1.40±1.22	0.74±0.83	1.33±1.02	0.82±0.89	**4.02**	0.00
Mg	0.59±0.88	0.23±0.26	1.49±1.61	1.04±1.14	0.21±0.11	0.42±0.40	0.26±0.19	**2.99***	0.02
Cl	4.01±10.18	0.45±0.82	21.91±22.9	4.10±7.05	0.33±0.30	1.83±3.66	1.56±3.71	**5.44***	0.00
HCO_3	0.19±0.07	0.18±0.05	0.24±0.12	0.18±0.06	0.20±0.07	0.19±0.06	0.19±0.07	0.526	0.75
SO_4	12.75±8.67	8.06±10.70	18.25±9.05	18.03±6.93	9.23±5.89	12.08±8.37	10.76±7.67	2.349	0.05
WC	5.98±6.29	3.34±1.69	7.70±10.67	11.34±7.82	5.11±3.11	4.55±3.68	2.10±2.22	**3.34***	0.01
OM	1.10±0.12	1.09±0.10	1.12±0.04	1.03±0.15	1.03±0.14	1.20±0.03	1.16±0.05	**2.93***	0.02
SR	3.80±2.54	6.87±2.85	5.80±2.17	3.45±1.04	2.50±1.60	2.33±1.75	2.38±2.07	**7.46**	0.00
H'	1.09±0.74	1.83±0.50	1.70±0.36	1.20±0.32	0.72±0.68	0.61±0.24	0.56±0.20	**6.50**	0.00

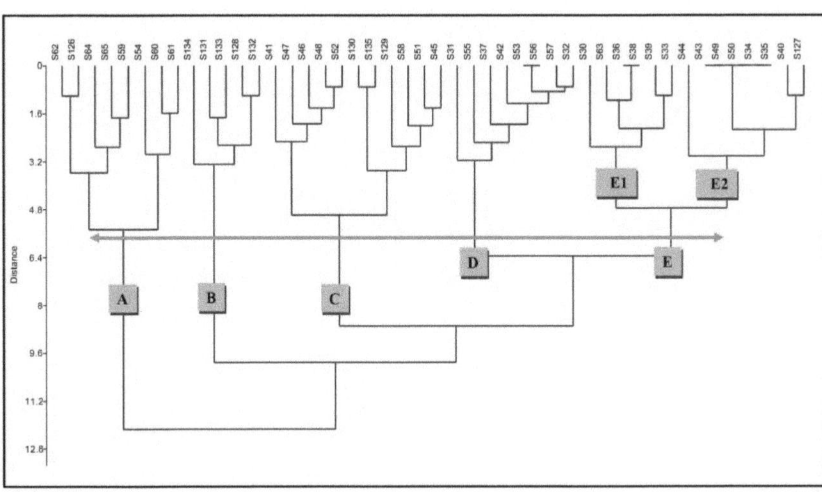

Figura 23: Dendrograma mostrando a análise de agrupamento dos 46 povoamentos estudados no transecto da costa do Mar Vermelho, com os 6 grupos de vegetação (A-E2) apresentados.

Tabela 18: Composição florística nos grupos de vegetação do transecto do Mar Vermelho. As figuras a **negrito** são as espécies com valores de presença mais elevados.

Grupos de vegetação	**A**	**B**	**C**	**D**	**E1**	**E2**
Número total de stands	**8**	**5**	**11**	**8**	**6**	**8**
Número total de espécies	**22**	**14**	**16**	**11**	**8**	**10**
Tamarix nilotica		**100**		**25**	**83.3**	**25**
Acacia tortilis subsp. *raddiana*	**50**				**50**	12.5
Crotalaria aegyptiaca	25		9.1	12.5		12.5
Limonium axillare			9.1	12.5		**100**
Zygophyllum coccineum	**75.0**	**100**		12.5		**25**
Panicum turgidum	25		9.1			12.5
Convolvulus hystrix	37.5					12.5
Pulicaria undulata subsp. *undulata*						12.5
Hyphaene thebaica						12.5
Phoenix dactylifera						12.5
Aeluropus littoralis			9.1	12.5	16.7	
Phragmites australis	12.5	60	9.1		16.7	
Avicennia marina			27.3		16.7	
Lotus hebranicus	**62.5**				16.7	
Malva parviflora	50				16.7	
Polycarpaea repens Zygophyllum	25				16.7	
album		40	18.2	**100**		
Arthrocnemum macrostachyum			36.4	**25**		
Arnebia hispidissima	12.5			12.5		
Heliotropium bacciferum				12.5		
Leptadenia pyrotechnica				12.5		
Reseda pruinosa				12.5		
Nitraria retusa	12.5	**80**	**63.6**			
Launaea nudicaulis	37.5		9.1			
Tamarix aphylla	25		**54.5**			
Aervajavanica			18.2			
Capparis spinosa			9.1			
Cornulaca monacantha			27.3			
Caroxylon imbricatum			9.1			
Suaeda monoica			27.3			
Cleome droserifolia	25	20				
Ochradenus baccatus	25	20				
Fagonia thebaica		20				
Cyperus rotundus		20				
Cynodon dactlyon		40				
Leptochloa fusca		20				
Juncus rigidus		20				
Chenopodium murale		20				
Sonchus oleraceus		20				

Quadro 18: Cont.

Fagónia indica	12.5					
Taverniera aegyptiaca	12.5					
Zilla spinosa	**87.5**					
Monsonia heliotropoides	12.5					
Astragalus vogelii	37.5					
Oligomeris linifolia	12.5					
Tetraena simplex	12.5					

2- Ordenação de estandes

O gráfico de dispersão da DCA separou os grupos de vegetação resultantes do transecto do Mar Vermelho (T4) ao longo dos dois primeiros eixos com valores próprios de 0,777 e 0,624 para os eixos 1 e 2, respetivamente (Figura 24). Os sítios estavam distribuídos por 6,38 unidades SD para o primeiro eixo, o que expressa as elevadas variações florísticas entre as outras comunidades. O segundo eixo da DCA teve a menor importância (5,43 unidades SD). Os povoamentos dos grupos (A, E1 e E2) foram separados ao longo da extremidade positiva do eixo DCA 1. Por outro lado, os povoamentos do grupo (C) foram separados na extremidade positiva do eixo DCA 2. No entanto, os povoamentos dos grupos (B e D) foram transitórios na sua composição entre os outros. Estes dois eixos explicaram 24,1% da variação total dos dados sobre as espécies, o que pode ser atribuído aos muitos zeros da matriz de dados sobre a vegetação.

3- Relações solo-vegetação

As diferenças significativas nas variáveis do solo examinadas dentro dos grupos de vegetação separados foram demonstradas na Tabela (17). Areia fina, silte, K^+ , Mg^{+2}, WC e OM apresentaram diferenças significativas entre os grupos a $p< 0,05$. A condutividade eléctrica, os sais solúveis totais, Na^+ , Cl^- (os factores de salinidade) e Ca apresentaram diferenças significativas elevadas entre os grupos a $p< 0,01$.

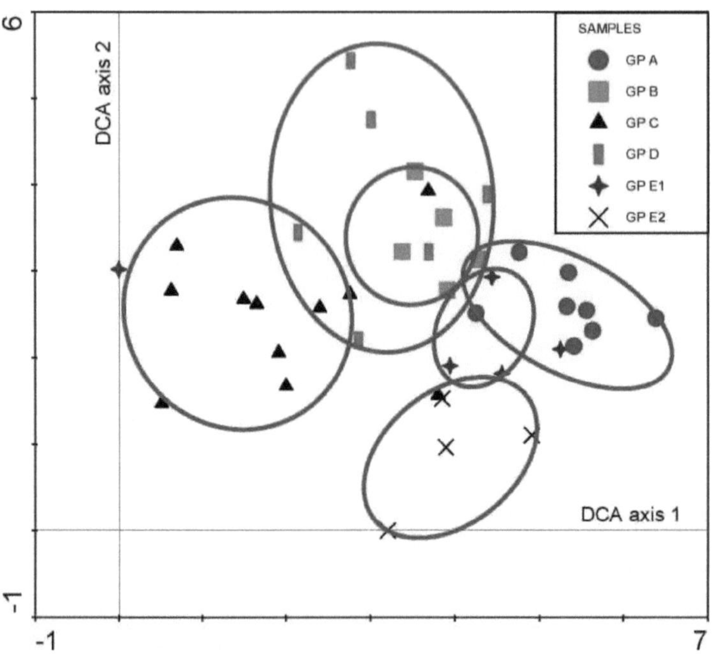

Figura 24: Diagrama DCA mostrando a distribuição dos 46 povoamentos do transecto da costa do Mar Vermelho, juntamente com os seus grupos de vegetação.

A Figura (25) mostra o biplot de ordenação da CCA com os grupos de vegetação (A-E2) e as variáveis de solo examinadas. Pode-se notar que os povoamentos do grupo (A) foram altamente correlacionados com cascalho, argila, silte e teor de água. Os povoamentos do grupo (B) foram altamente associados a Cl^-, OM e HCO_3^-. Os povoamentos dos grupos (C) e (D) estavam relacionados com o teor de água e a areia grossa. Geralmente, os dois componentes do grupo (E) estavam associados aos factores de salinidade (CE, Na^+ e Cl^-). Os povoamentos do grupo (E1) mostraram uma associação com o teor de água e o Na^+ e todos os aniões medidos (Cl^-, SO_4^{-2} e HCO_3^-), enquanto os do grupo (E2) estavam altamente relacionados com a areia grossa, o silte, a CE, o Na^+ e o Cl^- e o teor de água.

A diminuição sucessiva dos valores próprios dos dois eixos da CCA foi de (0,674 e 0,508 para os eixos 1 e 2, respetivamente), tal como ilustrado no quadro (19), o que sugere um conjunto de dados bem estruturado. Estes valores próprios foram ligeiramente inferiores aos dos eixos da DCA, indicando que não foram medidas e incluídas na análise importantes variáveis explicativas do povoamento ou que algumas das variações não foram explicadas por variáveis ambientais. No entanto, as correlações espécie-ambiente foram mais elevadas para os dois primeiros eixos canónicos, explicando 46,7 % da variância cumulativa. Estes resultados sugerem uma forte associação entre a vegetação e os parâmetros medidos do solo apresentados no biplot.

Limonium axillare

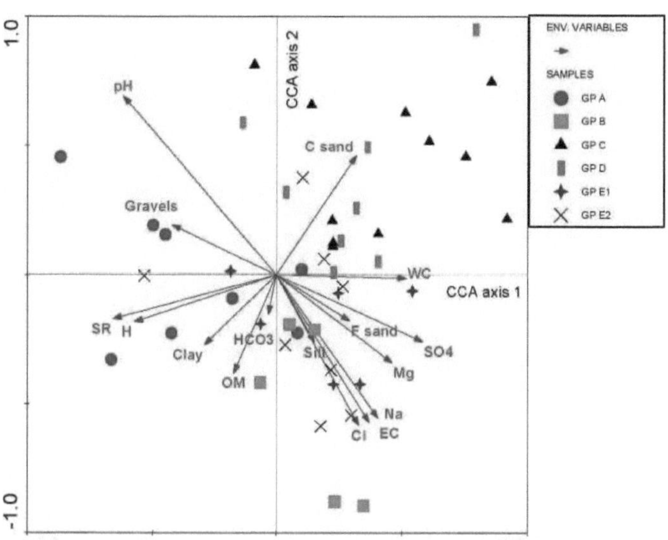

Figura 25: Análise de correspondência canónica (CCA) biplot dos eixos 1 e 2

mostrando a distribuição dos 46 povoamentos do transecto do Mar Vermelho, juntamente com os seus grupos de vegetação e variáveis do solo.

A correlação espécie-ambiente (Quadro 19) também foi elevada: 0,957 e 0,927 para os eixos 1 e 2 da CCA, mostrando que os dados relativos às espécies estavam relacionados com as variáveis ambientais medidas. O eixo 1 da CCA foi altamente correlacionado positivamente com o sulfato e altamente correlacionado negativamente com o pH. Assim, este eixo pode ser interpretado como um gradiente SO_4^{-2}-pH. O eixo 2 da CCA foi altamente correlacionado positivamente com o pH e altamente negativamente com os cloretos. Assim, este eixo pode ser interpretado como um gradiente pH-Cl^-. Um teste de significância com um teste de permutação de Monte Carlo sem restrições para o valor próprio do eixo 1 revelou-se significativo (P=0,002), indicando que os padrões observados não surgiram por acaso.

Table 19: Correlação interconjuntos da análise de CCA para as variáveis do solo, juntamente com os valores próprios e a correlação espécie-ambiente em T4 (transecto de revestimento do Mar Vermelho). NI= Não incluído devido ao elevado fator de inflação.

		Red Sea Coast	
Axes		**1**	**2**
Eigenvalues		0.674	0.508
Species– environment correlations		0.957	0.927
Gravels	(%)	-0.403	0.179
Coarse sand	(%)	0.304	0.428
Fine sand	(%)	0.279	-0.166
Silt	(%)	0.147	-0.244
Clay	(%)	-0.278	-0.252
Water Content	(%)	0.495	-0.012
Organic Matter	(%)	-0.164	-0.354
pH		-0.591	0.642
EC mS. Cm^{-1}		0.353	-0.531
Na	(mg. g^{-1} dry soil)	0.387	-0.515
K	(mg. g^{-1} dry soil)	NI	NI
Ca	(mg. g^{-1} dry soil)	NI	NI
Mg	(mg. g^{-1} dry soil)	0.441	-0.317
Cl	(mg. g^{-1} dry soil)	0.314	-0.543
HCO_3	(mg. g^{-1} dry soil)	-0.032	-0.143
SO_4 µg. g^{-1} dry soil		0.558	-0.241
Species Richness (SR)		-0.629	-0.159
Shannon index (H)		-0.550	-0.169

RESULTADOS (Parte 3):

Respostas dos grupos funcionais das plantas às variáveis do solo

I. Árvores

A relação entre as árvores e as variáveis do solo foi estudada utilizando a Análise de Correspondência Canónica (CCA; Figura 26 e Quadro 20). A ordenação CCA das árvores mostrou uma forte correlação entre o primeiro eixo e a CC, a fração de areia grossa do solo, Na^{+} , Ca^{+2}, Mg^{+2}, Cl^{-}, so_4^{-2} e pH. No segundo eixo, o pH, so_4^{-2}, Ca^{+2}, Na^{+} e Cl^{-} apresentaram uma correlação elevada. Este eixo CCA pode ser interpretado como um gradiente Ca^{+2}-pH.

A Calotropis procera apresentou uma correlação elevada com o silte e a argila, enquanto *a Ricinus communis* apresentou uma correlação com a argila e a areia fina. Já *Acacia tortilis* subsp. *raddiana, Balanites aegyptiaca, Capparis decidua* e *Tamarix aphylla* apresentaram uma correlação com o pH. A matéria orgânica e o Ca^{+2} foram os factores do solo mais eficazes para as restantes 6 espécies (*Moringa peregrina, Phoenix dactylifera, Tamarix nilotica, Acacia nilotica, Hyphaene thebaica* e *Ziziphus spina-christi*). *A Avicennia marina* também se correlacionou de alguma forma com a areia grossa (Figura 26).

A diminuição sucessiva dos valores próprios dos dois eixos da CCA (0,576 e 0,5 para os eixos 1 e 2, respetivamente), ilustrada na tabela (20), sugere um conjunto de dados bem estruturado. No entanto, as correlações espécie-ambiente foram mais elevadas para os dois primeiros eixos canónicos, explicando 82% da variância cumulativa. Estes resultados sugerem uma forte associação entre a vegetação das árvores e os parâmetros medidos do solo apresentados no biplot. A correlação espécie-ambiente (Tabela 20) também foi elevada:

0,816 e 0,769 para os eixos 1 e 2 da CCA, mostrando que os dados das espécies estavam relacionados com as variáveis ambientais medidas. Um teste de significância com um teste de permutação de Monte Carlo sem restrições para o valor próprio do eixo 1 revelou-se não significativo (P=0,086).

Os resultados da correlação da diversidade de espécies (riqueza de espécies e índice de Shannon-Wiener) com os factores do solo medidos foram ilustrados na tabela (21). O índice de Shannon mostrou uma correlação negativa significativa com a areia grossa e uma correlação positiva altamente significativa (0,986) com o outro índice de diversidade (riqueza de espécies).

Avicennia marina

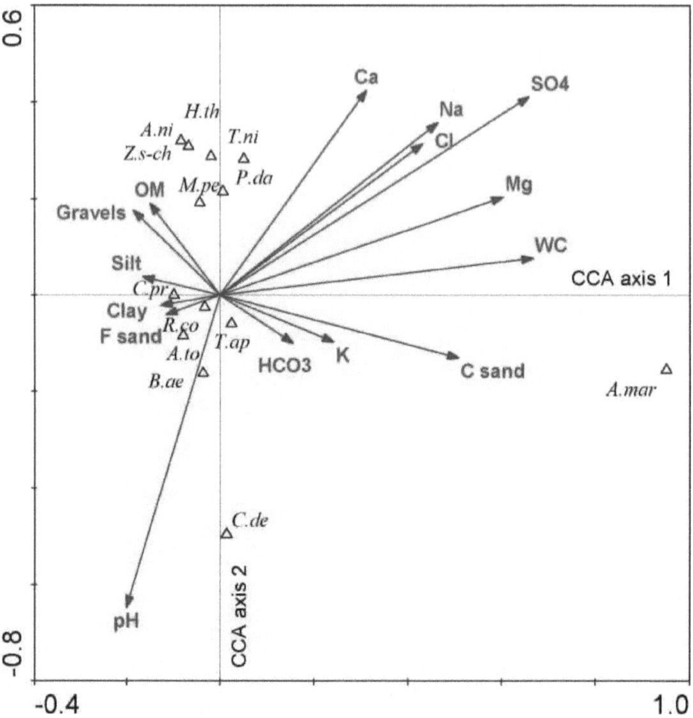

Figura 26: Análise de correspondência canónica (CCA) biplot dos eixos 1 e 2 mostrando a distribuição das árvores registadas, juntamente com as suas variáveis de solo. *C.pr= Calotropis procera, R.co= Ricinus communis, A.to= Acacia tortilis subsp. raddiana, B.ae= Balanites aegyptiaca, C.de= Capparis decidua, T.ap= Tamarix aphylla, M.pe= Moringa peregrina, P.da= Phoenix dactylifera, T.ni= Tamarix nilotica, A.ni= Acacia nilotica, H.th= Hyphaene thebaica, Z.s-ch= Ziziphus spina-christi e A.mar= Avicennia marina.*

Table 20: Correlação interconjuntos da análise CCA para as variáveis do solo, juntamente com os valores próprios e as correlações espécie-ambiente para as árvores NI= Não incluído devido ao seu elevado fator de inflação.

Functional group		Trees	
Axes		1	2
Eigenvalues		0.576	0.500
Species– environment correlations		0.816	0.769
Gravels	(%)	-0.152	0.135
Coarse sand	(%)	**0.415*****	-0.100
Fine sand	(%)	-0.095	-0.031
Silt	(%)	-0.135	0.029
Clay	(%)	-0.104	-0.016
Water Content	(%)	**0.545*****	0.059
Organic Matter	(%)	-0.123	0.147
pH		-0.164	**-0.498*****
EC (mS. Cm^{-1})		NI	NI
Na	(mg. g^{-1} dry soil)	**0.378****	**0.275***
K	(mg. g^{-1} dry soil)	0.198	-0.075
Ca	(mg. g^{-1} dry soil)	**0.255***	**0.326****
Mg	(mg. g^{-1} dry soil)	**0.492*****	0.157
Cl	(mg. g^{-1} dry soil)	**0.352****	**0.241***
HCO_3	(mg. g^{-1} dry soil)	0.127	-0.077
SO_4 (µg g^{-1} dry soil)		**0.538*****	**0.316****

*** = Correlation is significant at the 0.001 level.
** = Correlation is significant at the 0.01 level.
* = Correlation is significant at the 0.05 level.

Table 21: Coeficientes de correlação entre os factores do solo e os índices de diversidade das árvores.

Soil factors		Diversity index	
		Species richness (SR)	Shannon-Wiener (H')
Gravels	(%)	-0.012	-0.029
Coarse sand	(%)	-0.196	**-0.219***
Fine sand	(%)	-0.078	-0.119
Silt	(%)	0.100	0.104
Clay	(%)	0.123	0.164
WC	(%)	-0.134	-0.134
OM	(%)	-0.02	-0.008
TSS	(%)	-0.083	-0.100
pH		-0.097	-0.076
EC	(mS. Cm^{-1})	-0.083	-0.100
Na	(mg. g^{-1} dry soil)	-0.077	-0.094
K	(mg. g^{-1} dry soil)	0.097	0.085
Ca	(mg. g^{-1} dry soil)	-0.079	-0.097
Mg	(mg. g^{-1} dry soil)	-0.129	-0.141
Cl	(mg. g^{-1} dry soil)	-0.108	-0.12
HCO_3	(mg. g^{-1} dry soil)	0.027	0.051
SO_4	(µg g^{-1} dry soil)	-0.021	-0.036

* = Correlation is significant at the 0.05 level.

II. Arbustos

A Análise de Correspondência Canónica (CCA) foi utilizada para estudar a relação entre o segundo estrato (espécies arbustivas) e as suas variáveis ambientais (Figura 27). Este grupo funcional (FG) mostrou uma forte correlação entre o primeiro eixo da CCA e so_4^{-2}, WC, Mg^{+2}, Ca^{+2}, K^{+} , cascalho e pH. Este eixo pode ser inferido como um gradiente so_4^{-2}-cascalho. Entretanto, a areia fina e a matéria orgânica mostraram uma correlação significativa com o segundo eixo CCA e podem ser interpretadas como gradiente areia fina-OM.

De um modo geral, pode notar-se que a maioria dos arbustos registados estavam altamente correlacionados com areia fina, cascalho, argila, pH e matéria orgânica. *A Leptadenia pyrotechnica* e *o Panicum turgidum* estavam correlacionados com a areia fina. A maioria dos arbustos registados (por exemplo, *Lotus hebranicus Pulicaria undulata, Zilla spinosa, Farsetia stylosa*) foi afetada pelo pH. *Salsola imbricata* subsp. *imbricata* e *Fagonia thebaica* também se correlacionaram com argila e matéria orgânica. *Zygophyllum coccineum* parece ser afetado por SO_4^{-2}, K^+ e conteúdo de água (WC). Os arbustos halófitos (*Nitraria retusa* e *Limonium axillare*) correlacionaram-se com Ca^{+2} e Mg^{+2}.

A diminuição sucessiva dos valores próprios dos dois primeiros eixos da CCA (0,468 e 0,178 para os eixos 1 e 2, respetivamente) e as correlações interconjuntos resultantes da CCA das variáveis do solo examinadas foram apresentadas no Quadro (22). A variância percentual acumulada da correlação espécie-ambiente foi de 47,4% e 65,5% para os dois primeiros eixos, respetivamente. O teste de permutação de Monte Carlo para o valor próprio do primeiro eixo revelou-se significativo (P=0,002).

A correlação da riqueza de espécies e dos índices de Shannon's-Wiener com os factores do solo examinados (Quadro 23) não mostrou correlações significativas, mas mostrou uma correlação altamente positiva (0,955) entre si.

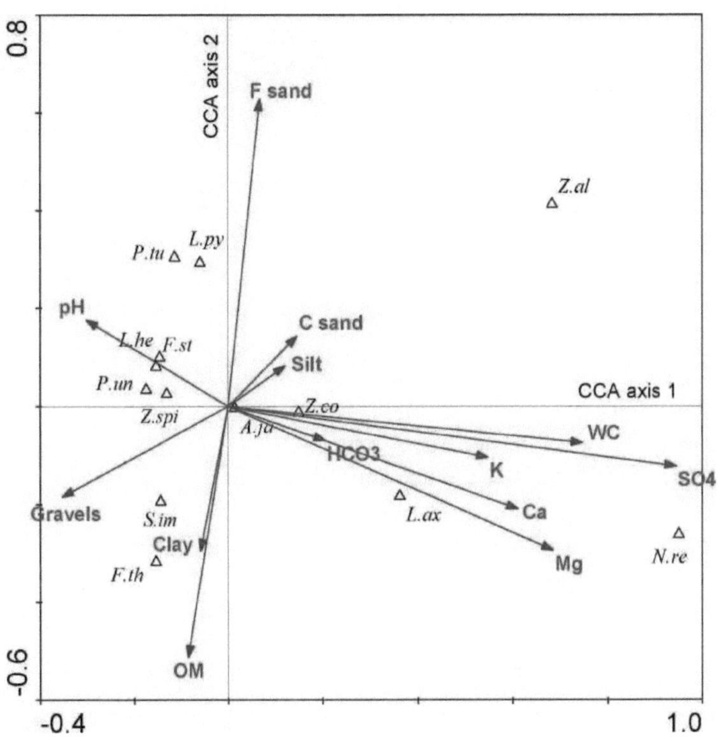

Figura 27: Análise de correspondência canónica (CCA) biplot dos eixos 1 e 2 mostrando a distribuição dos arbustos registados, juntamente com as suas variáveis de solo. *L.py= Leptadenia pyrotechnica, P.tu= Panicum turgidum, L.he= Lotus hebranicus, P.un= Pulicaria undulata, Z.spi= Zilla spinosa, F.st= Farsetia stylosa, A.ja= Aerva javanica, S.im= Salsola imbricata, F.th= Fagonia thebaica, Z.co= Zygophyllum coccineum, N.re= Nitraria retusa, Z.al= Zygophyllum album* e *L.ax= Limonium axillare*

Table 22: Correlação interconjuntos da análise CCA para as variáveis do solo, juntamente com os valores próprios e as correlações espécie-ambiente para os arbustos. NI= Não incluído devido ao seu elevado fator de inflação.

Functional group		**Shrubs**	
Axes		1	2
Eigenvalues		0.468	0.178
Species– environment correlations		0.790	0.613
Gravels	(%)	**-0.278***	-0.114
Coarse sand	(%)	0.115	0.088
Fine sand	(%)	0.053	**0.385****
Silt	(%)	0.095	0.051
Clay	(%)	-0.046	-0.182
Water Content	(%)	**0.589*****	-0.046
Organic Matter	(%)	-0.067	**-0.315****
pH		**-0.238***	0.108
EC (mS Cm^{-1})		NI	NI
Na	(mg g^{-1} dry soil)	NI	NI
K	(mg g^{-1} dry soil)	**0.433*****	-0.064
Ca	(mg g^{-1} dry soil)	**0.483*****	-0.129
Mg	(mg g^{-1} dry soil)	**0.541*****	-0.181
Cl	(mg g^{-1} dry soil)	NI	NI
HCO_3	(mg g^{-1} dry soil)	0.162	-0.043
SO_4 (µg g^{-1} dry soil)		**0.746*****	-0.075

*** = Correlation is significant at the 0.001 level.
** = Correlation is significant at the 0.01 level.

Table 23: Coeficientes de correlação entre os factores do solo e os índices de diversidade dos arbustos.

Soil factors		Diversity index	
		Species richness (SR)	Shannon-Wiener (H')
Gravels	(%)	0.147	0.158
Coarse sand	(%)	0.114	0.114
Fine sand	(%)	-0.052	-0.102
Silt	(%)	-0.148	-0.165
Clay	(%)	-0.039	-0.012
WC	(%)	-0.075	-0.057
OM	(%)	0.032	0.065
TSS	(%)	-0.021	0.025
pH		-0.025	-0.077
EC ($mS.\ Cm^{-1}$)		-0.021	0.025
Na	($mg\ g^{-1}$ dry soil)	-0.052	-0.012
K	($mg\ g^{-1}$ dry soil)	-0.121	-0.136
Ca	($mg\ g^{-1}$ dry soil)	-0.007	0.04
Mg	($mg\ g^{-1}$ dry soil)	-0.019	0.023
Cl	($mg\ g^{-1}$ dry soil)	-0.007	0.04
HCO_3	($mg\ g^{-1}$ dry soil)	-0.077	-0.08
SO_4 ($\mu g\ g^{-1}$ dry soil)		-0.158	-0.138

III. Ervas perenes

A Figura (28) mostra o biplot de ordenação da CCA com o grupo das ervas perenes e as variáveis do solo examinadas. O eixo 1 da CCA foi altamente correlacionado positivamente com o SO_4^{-2} e altamente correlacionado negativamente com o pH. Assim, este eixo pode ser interpretado como um gradiente de sulfato-pH. O teor de água, a matéria orgânica e outros 5 gradientes ambientais (K, Ca, Mg, Cl e HCO_3) mostraram uma importância para o primeiro eixo 1 da CCA. Por outro lado, este grupo funcional não mostrou correlações fortes entre os gradientes de solo examinados e o eixo 2 da CCA (Quadro 24).

Stipagrostis plumosa foi correlacionado com a MO, *Citrullus colocynthis* e *Monsonia heliotropioides* foram correlacionados com o pH e *Cyperus rotundus* foi correlacionado com os cascalhos. A halófita *Juncus rigidus* foi altamente correlacionada com o Cl^-, seguida por *Cynodon dactylon* e *Leptochloa fusca*. Por outro lado, HCO_3^-, SO_4^{-2} e WC foram os principais factores ambientais com efeito sobre *Phragmites australis, Dichanthum annulatum, Imperata cylindrica* e *Typha domingensis*

Estes gradientes estavam estreitamente relacionados com os dois primeiros eixos e representavam 67,4% da variância acumulada. Estes resultados sugerem uma associação entre o grupo das ervas perenes e os parâmetros medidos do solo apresentados no biplot. As correlações espécie-ambiente foram mais elevadas para os dois primeiros eixos (0,913 e 0,867 para os eixos 1 e 2, respetivamente). Um teste de significância com um teste de permutação de Monte Carlo sem restrições para o valor próprio do eixo 1 revelou-se significativo (P=0,004), indicando que os padrões observados não surgiram por acaso.

Os resultados das correlações da diversidade de espécies (riqueza de espécies e índice de Shannon-Wiener) com os gradientes ambientais examinados foram ilustrados na tabela (25). Ficou claro que ambas as medidas de diversidade de espécies apresentaram uma correlação positiva significativa elevada (0,988) entre si. Ambos os índices de diversidade apresentaram correlações positivas significativas com TSS, CE e todos os aniões e catiões solúveis examinados. Além disso, os índices de diversidade (SR e H') apresentaram correlações negativas significativas com a MO e o pH (Quadro 25).

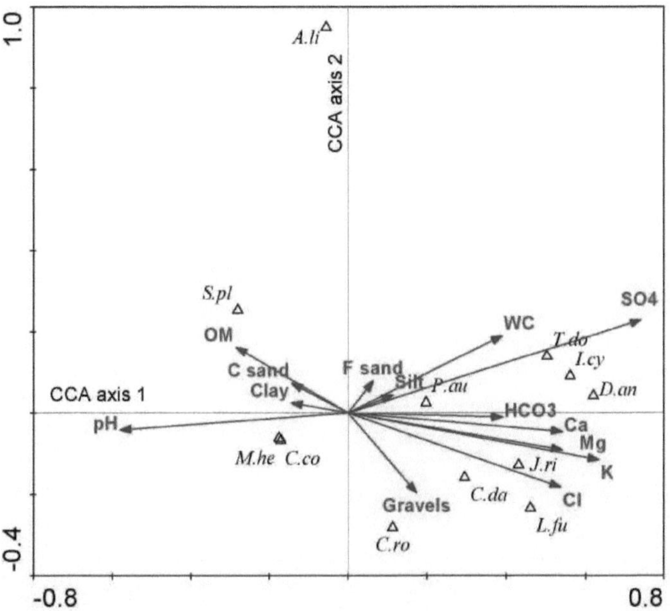

Figura 28: Análise de correspondência canónica (CCA) biplot dos eixos 1 e 2 mostrando a distribuição das ervas perenes registadas, juntamente com as suas variáveis de solo. *A.li= Aeluropus littoralis, C.co= Citrullus colocynthis, M.he= Monsonia heliotropioides, S.pl= Stipagrostis plumosa, C.ro= Cyperus rotundus, C.da= Cynodon dactylon, L.fu= Leptochloa fusca, J.ri= Juncus rigidus, P.au= Phragmites australis, D.an= Dichanthum annulatum, I.cy= Imperata cylindrica* e *T.do= Typha domingensis.*

Table 24: Correlação interconjuntos da análise CCA para as variáveis do solo, juntamente com os valores próprios e as correlações espécie-ambiente para as ervas perenes. NI= Não incluído devido ao seu elevado fator de inflação.

Functional group		Perennial Herbs	
Axes		1	2
Eigenvalues		0.693	0.599
Species– environment		0.913	0.867
Gravels	**(%)**	0.158	-0.170
Coarse sand	**(%)**	-0.131	0.064
Fine sand	**(%)**	0.058	0.069
Silt	**(%)**	0.104	0.039
Clay	**(%)**	-0.132	0.022
Water Content	**(%)**	**0.356****	0.166
Organic Matter	**(%)**	**-0.26***	0.141
pH		**-0.531*****	-0.036
EC (mS. Cm^{-1})		NI	NI
Na	**(mg g^{-1} dry soil)**	NI	NI
K	**(mg g^{-1} dry soil)**	**0.579*****	-0.099
Ca	**(mg g^{-1} dry soil)**	**0.494*****	-0.039
Mg	**(mg g^{-1} dry soil)**	**0.495*****	-0.079
Cl	**(mg g^{-1} dry soil)**	**0.491*****	-0.158
HCO_3	**(mg g^{-1} dry soil)**	**0.357****	-0.009
SO_4 (µg g^{-1} dry soil)		**0.677*****	0.199

*** = Correlation is significant at the 0.001 level.
** = Correlation is significant at the 0.01 level.
* = Correlation is significant at the 0.05 level.

Table 25: Coeficientes de correlação entre os factores do solo e os índices de diversidade das ervas perenes.

Soil factors	Diversity index	
	Species richness (SR)	**Shannon-Wiener (H')**
Gravels (%)	0.085	0.06
Coarse sand (%)	-0.255	-0.284
Fine sand (%)	0.111	0.116
Silt (%)	0.219	0.254
Clay (%)	-0.072	-0.061
WC (%)	0.275	0.263
OM (%)	**-0.355***	**-0.370***
TSS (%)	**0.533****	**0.512****
pH	**-0.365***	**-0.357***
EC (mS. Cm^{-1})	**0.533****	**0.512****
Na (mg. g^{-1} dry	**0.526****	**0.504****
K (mg. g^{-1} dry	**0.555****	**0.527****
Ca (mg. g^{-1} dry	**0.488****	**0.463****
Mg (mg. g^{-1} dry	**0.488****	**0.473****
Cl (mg. g^{-1} dry	**0.504****	**0.490****
HCO_3 (mg. g^{-1} dry	**0.301***	**0.318***
SO_4 (µg g^{-1} dry soil)	**0.389****	**0.355***

** = Correlation is significant at the 0.01 level.
* = Correlation is significant at the 0.05 level.

IV. Ervas anuais

Esta camada não mostrou uma forte correlação entre os dois primeiros eixos CCA e o pH, SO_4^-, Cl^- ou HCO_3^-. No entanto, as variáveis ambientais dominantes correlacionadas com o primeiro eixo CCA foram a areia fina, a argila, a MO e o K^+ . Os cascalhos, a areia grossa, o teor de água, o Ca^{+2} e o Mg^{+2} foram também gradientes ambientais importantes para o eixo 1 da CCA. Este eixo pode ser interpretado como um gradiente areia fina-potássio. O teor de água e a argila, seguidos da areia grossa e da areia fina, foram representados como os gradientes mais importantes para o segundo eixo CCA. Este eixo foi positivamente correlacionado com o teor de água e negativamente correlacionado com a areia grossa. Assim, este eixo pode ser interpretado como gradiente WC-areia grossa (Tabela 26).

Como se pode ver na figura 29, o teor de água, silte, cascalho, Mg^{+2}, Ca^{+2} SO_4^{-2} e OM foram os principais factores do solo que afectaram a composição e distribuição das ervas anuais. *Zygophyllum simplex* foi altamente correlacionado com Ca^{+2}, *Schouwia purpurea* correlacionado com OM. *Trichodesma africanum, Polycarpaea repens, Tribulus pentandrus, Morettia philaeana* mostraram uma correlação com os cascalhos. *O* lodo, o WC e o $Mg^{(+2)}$foram os principais factores do solo que afectaram a maioria das espécies deste grupo (por exemplo, *Forsskaolea tenacissima, Astragalus eremophilu, Cotula cinerea, Launaea nudicaulis, Cleome amblyocarpa, Eremobium aegyptiacum* e *Asphodelus tenuifolius*).

A diminuição sucessiva dos valores próprios dos dois eixos da CCA (0,316 e 0,250 para os eixos 1 e 2, respetivamente), ilustrada na tabela 26, sugere um conjunto de dados bem estruturado. No entanto, as correlações espécie-ambiente foram mais elevadas para os dois primeiros eixos canónicos, explicando 77,8% da variância cumulativa. Estes resultados sugerem uma forte associação entre a vegetação de ervas anuais e os gradientes ambientais medidos apresentados no biplot. A correlação espécie-ambiente (Tabela 26) também foi alta: 0,834 e 0,675 para os eixos 1 e 2 da CCA, mostrando que os dados das espécies estavam relacionados com as variáveis ambientais medidas. O teste de permutação de Monte Carlo sem restrições para o valor próprio do primeiro eixo revelou-se significativo (P=0,028).

Ambos os índices de diversidade (riqueza de espécies e índice de Shannon-Wiener) apresentaram correlações negativas significativas com o teor de água (Quadro 27). Estas medidas de índices de diversidade de espécies mostraram uma correlação positiva significativa elevada (0,945) entre si.

25/01/2011

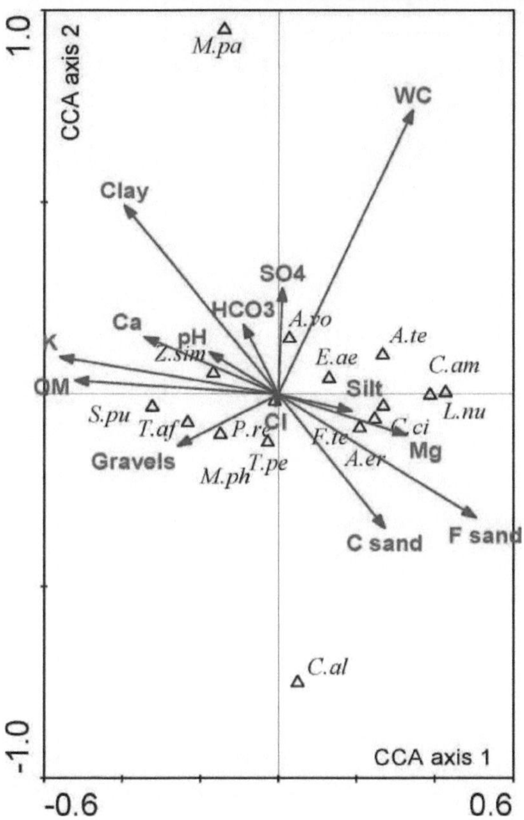
CCA axis 2
1.0
-1.0
CCA axis 1
-0.6
0.6
M.pa
WC
Clay
SO4
HCO3
Ca
pH
K
Z.sim
OM
A.po
A.te
E.ae
C.am
Silt
L.nu
S.pu
T.af
P.re
Cl
C.ci
F.te
Mg
Gravels
M.ph
T.pe
A.er
C sand
F sand
C.al

Figura 29: Análise de correspondência canónica (CCA) biplot dos eixos 1 e 2 mostrando a distribuição das ervas anuais registadas, juntamente com as suas variáveis de solo. *M.pa= Malva parviflora, Z.sim= Zygophyllum simplex, S.pu= Schouwia purpurea, T.af= Trichodesma africanum, P.re= Polycarpaea repens, T.pe= Tribulus pentandrus, M.ph= Morettia philaeana, C.al= Chenopodium album, F.te= Forsskaolea tenacissima, A.er= Astragalus eremophilus, C.ci= Cotula cinerea, L.nu= Launaea nudicaulis, C.am= Cleome amblyocarpa, E.ae= Eremobium aegyptiacum, A.te= Asphodelus tenuifolius, A.vo= Astragalus vogelii.*

Table 26: Correlação interconjuntos da análise CCA para as variáveis do solo, juntamente com os valores próprios e as correlações espécie-ambiente para as ervas anuais. NI= Não incluído devido ao seu elevado fator de inflação.

Functional group		**Annual Herbs**	
Axes		1	2
Eigenvalues		0.318	0.250
Species– environment correlations		0.834	0.675
Gravels	(%)	**-0.216***	-0.091
Coarse sand	(%)	**0.228***	**-0.236***
Fine sand	(%)	**0.420*****	**-0.217***
Silt	(%)	0.157	-0.029
Clay	(%)	**-0.329****	**0.332****
Water Content	(%)	**0.288***	**0.499*****
Organic Matter	(%)	**-0.435*****	0.024
pH		-0.148	0.074
EC (mS Cm^{-1})		NI	NI
Na	(mg g^{-1} dry soil)	NI	NI
K	(mg g^{-1} dry soil)	**-0.467*****	0.065
Ca	(mg g^{-1} dry soil)	**-0.287***	0.101
Mg	(mg g^{-1} dry soil)	**0.275***	-0.072
Cl	(mg g^{-1} dry soil)	-0.006	-0.022
HCO_3	(mg g^{-1} dry soil)	-0.075	0.123
SO_4 (µg g^{-1} dry soil)		0.009	0.187

*** = Correlation is significant at the 0.001 level.
** = Correlation is significant at the 0.01 level.
* = Correlation is significant at the 0.05 level.

Table 27: Coeficientes de correlação entre os factores do solo e os índices de diversidade das ervas anuais.

Soil factors		Diversity index	
		Species richness (SR)	Shannon-Wiener (H')
Gravels	(%)	-0.083	-0.131
Coarse sand	(%)	0.032	-0.047
Fine sand	(%)	0.177	0.192
Silt	(%)	-0.077	-0.072
Clay	(%)	-0.05	-0.043
WC	(%)	**-0.296***	**-0.277***
OM	(%)	-0.076	-0.043
TSS	(%)	0.058	0.016
pH		-0.076	-0.043
EC (mS. Cm^{-1})		-0.079	-0.05
Na	(mg g-1 dry soil)	-0.093	-0.047
K	(mg g-1 dry soil)	-0.081	-0.021
Ca	(mg g-1 dry soil)	-0.048	-0.031
Mg	(mg g-1 dry soil)	-0.068	-0.04
Cl	(mg g-1 dry soil)	0.175	0.163
HCO_3	(mg g-1 dry soil)	-0.197	-0.177
SO_4 (µg g-1 dry soil)		-0.083	-0.131

* = Correlation is significant at the 0.05 level.

DISCUSSÃO

As zonas áridas são normalmente caracterizadas por uma precipitação mínima e secas frequentes **(Mabbutt, 1977)**, pelo que a disponibilidade de água é um dos principais factores que controlam a distribuição das espécies **(Noy-Meir, 1974; Yair e Danin, 1980)**. Os gradientes mais críticos nos factores abióticos podem estar relacionados com a disponibilidade de água, incluindo a precipitação anual, as propriedades do solo e a topografia **(Parker, 1991).**

Em desertos extremos, como na área de estudo, o crescimento das plantas é despoletado principalmente pela chuva, sendo assim tão escasso e imprevisível como a própria precipitação. A vegetação desenvolve-se em "modo contraído" **(Monod, 1954)** apenas em habitats que recebem água de escoamento, incluindo wadis, depressões e canais (deserto contraído; **Shmida, 1985**). Esta vegetação altamente dinâmica não é nem permanente nem sazonal, mas acidental (**Kassas, 1966; Bullard, 1997** e **Bornkamm, 2001**). A estrutura da vegetação é relativamente simples, em que as espécies têm de suportar as condições ambientais adversas. Este facto pode ser refletido pela presença de várias espécies altamente adaptadas e resistentes à seca, como *Acacia tortilis* subsp. *raddiana, Capparis spinosa, Convolvulus hystrix, Fagonia bruguieri, Tamarix aphyll,a Zilla spinosa* e *Ziziphus spina-christi* **(Abdel-Razik *et al.*, 1984)**.

A diversidade florística da área de estudo incluiu 94 espécies de plantas vasculares (62 perenes e 32 anuais), indicando a predominância de plantas perenes. Este facto está de acordo com as conclusões de **Fossati *et al.* (1999)** em Wadi Sannur, no deserto oriental, e também com **Ayyad *et al.* (2000)** na zona de Santa Catarina, na península do Sinai. A profundidade do solo é, de longe, a caraterística mais importante. Um solo fino é humedecido durante a estação das chuvas, mas seca com a aproximação da estação seca.

Um solo profundo permite o armazenamento de alguma água no subsolo, o que proporcionará um fornecimento contínuo de humidade às raízes profundas das plantas perenes **(Zahran e Willis, 2009)**. Isto pode explicar a predominância de plantas perenes nesta área de estudo árida.

A presença e a abundância de espécies anuais dependem principalmente dos dados e da quantidade da última chuva (**Kassas e El-Abyad, 1962**). Pelo contrário, as espécies perenes reflectem as condições médias e extremas do habitat durante um período mais longo (**Kassas, 1953b**). As espécies perenes dominantes são as árvores e arbustos não suculentos (ou sub-arbustos) e as ervas perenes. Algumas destas plantas perenes são plantas resistentes à seca, nas quais os órgãos fotossintéticos e transpirantes foram mantidos numa proporção quase constante **(Abdel-Razik *et al.*, 1984)**, como *a Acacia tortilis* subsp. *raddiana, Zilla spinosa* e *Citrullus colocynthis*.

A composição florística e as caraterísticas da vegetação na área de estudo foram estudadas durante três anos (2011-2013). A análise florística mostrou que a família Asteraceae, Fabaceae, Poaceae, Zygophyllaceae, Chenopodiaceae e Brassicaceae foram as famílias ricas em espécies que formaram o principal componente da flora. As maiores famílias em termos de número de géneros e espécies foram Asteraceae (7 géneros e 10 espécies), Zygophyllaceae (5 géneros, 10 espécies), Fabaceae (7 géneros, 9 espécies), Poaceae (8 géneros, 8 espécies), Chenopodiaceae (6 géneros, 8 espécies) e Brassicaceae (5 géneros, 5 espécies). As três primeiras famílias representam as mais comuns na flora mediterrânica do Norte de África **(Quézel, 1978)**. Por outro lado, Asteraceae, Fabaceae, Poaceae e Brassicaceae constituem a maior parte das espécies de plantas exóticas no Egito **Boulos (1995, 1999-2005)**, e também nos agro-ecossistemas de outros países adjacentes, como a Arábia Saudita e o Kuwait **(Abd El-Ghani e El-Sawaf, 2004)**.

O maior número de espécies, pertencentes às famílias anteriormente mencionadas, registado nesta investigação revelou uma concordância com estudos semelhantes noutras partes do Egito, como em Gebel Elba **(Abd El-Ghani e Abdel-Khalik, 2006)**, no deserto oriental **(Salama *et al.*, 2012 e 2013)**, no sul do Sinai **(Abd El-Ghani e Fahmy, 1998)** e ao longo da costa ocidental do Mediterrâneo **(Salama *et al.*, 2005)**. Além disso, este resultado está em conformidade com o obtido nos países vizinhos, por exemplo, **Wickens (1977b)** em Jebel Marra, no Sudão, e **Boulos (1985)**, **Hosni e**

Hegazy (1996) nas montanhas Asir da Arábia Saudita e **ElGhanim *et al.* (2010)** na região de Hail, a norte do centro da Arábia Saudita. Asterceae (a maior família da nossa lista) não é apenas a maior família na Flora do Egito **(Tackholm, 1974; Boulos, 2002)**, mas também a maior e mais difundida família de plantas com flores no mundo **(Good, 1974)**. Este facto pode ser atribuído à sua vasta gama ecológica de tolerância e à sua elevada capacidade de dispersão de sementes **(Abd El-Ghani e Abdel-Khalik, 2006)**.

A importância da área de estudo de um ponto de vista fitogeográfico pode dever-se à sua posição entre os limites do deserto oriental (com o seu corótipo típico do Sara e do Arábia). Uma vez que a área de estudo se situa na cintura Saharo-Árabe do reino florístico Holárctico (Reino Holárctico; **White, 1993)**, a análise dos dados florísticos mostrou a prevalência do corótipo Saharo-Árabe. A análise corológica revelou que o corótipo Saraó-Árabe, puro ou penetrado noutras regiões, constitui a componente principal da estrutura florística (77,5%) ao longo dos quatro transectos (37,2% monoregional, 28,6% biregional, 11,7% como floras pluriregionais). Estes resultados estão de acordo com os de **El-Demerdash *et al.* (1990), Fossati *et al.* (1998), Abd El-Ghani e Abdel-Khalik (2006)** e **Salama *et al.* (2012)**, que concluíram que as plantas da região do Sara e do Arábico que constituem o estrato arbustivo são bons indicadores das condições ambientais do deserto.

Os taxa mediterrânicos (como mono, bi ou pluriregionais) florescem em condições mais mésicas. As espécies mediterrânicas puras foram muito pouco representadas, enquanto os corótipos mediterrânicos birregionais e pluriregionais constituíram 16%. Os outros elementos florísticos, como os elementos cosmopolita, pantropical, paleotropical, sudanês e irano-turaniano, estão representados por um número variável de espécies, o que reflecte a sua capacidade diferencial de penetração na área **(Wickens, 1977a e b)**. Além disso, isto indica que a estrutura florística da área de estudo não foi relativamente afetada por perturbações humanas. Por conseguinte, nesta investigação, a análise corológica revelou que as espécies amplamente distribuídas pertencentes a corótipos cosmopolitas, paleotropicais e pantropicais constituíam apenas 12,8% da flora registada.

Zohary (1973) atribuiu a dominância das espécies inter-regionais (bi, tri e pluri-regionais) sobre as mono-regionais à presença de habitats inter-zonais, tais como sítios antropogénicos ou hidro, halo- e psamófilos. No entanto, neste estudo, os elementos monoregionais (42,6%) foram dominados sobre os biregionais e pluriregionais. A ausência de espécies endémicas neste estudo é notável. **Boulos (1997)** mencionou que a região do Sara e do Arábia é caracterizada pela presença de poucas espécies e géneros endémicos e pela ausência de famílias endémicas.

A enorme diversidade de espécies e populações individuais precisa de ser resumida num número relativamente pequeno de padrões gerais recorrentes. Isto é essencial tanto para a gestão a uma escala meso- a microrregional, como também para a modelação regional a global do papel da vegetação no processo biogeoquímico **(Woodward e Cramer, 1996; Grime *et al.*, 1997)**. A procura de tipos funcionais de plantas, ou conjuntos de plantas que exibem respostas semelhantes às condições ambientais e que têm efeitos semelhantes nos processos dominantes do ecossistema **(Walker, 1992; Gitay e Nobel, 1997)** é muito antiga, mas ganhou uma atenção crescente nos últimos anos desde que se percebeu que eles preenchem a lacuna entre a fisiologia e a morfologia das plantas e os processos da comunidade e do ecossistema **(Diaz *et al.*, 1999; Navarro *et al.*, 2006)**. Isto representa uma ferramenta poderosa no estudo da resposta da vegetação natural às mudanças aceleradas no uso do solo, no clima e na composição atmosférica.

Os arbustos e as árvores são elementos importantes da vegetação semi-desértica, uma vez que muitos processos nestes ecossistemas são regulados por eles **(Challenger, 1995)**. Estas plantas apresentam uma série de caraterísticas morfo-fisiológicas que lhes permitem enfrentar a elevada aridez e a baixa disponibilidade de nutrientes caraterísticas dos ambientes semi-áridos. Tais caraterísticas incluem, por exemplo, sistemas radiculares profundos, tolerância a níveis elevados de radiação, capacidade de propagação clonal, presença de espinhos e espinhos, folhas pequenas, etc. **(Nobel e Franco, 1989; Pugnaire *et al.*, 1996 a e b)**.

Um conjunto de 94 espécies, pertencentes a 33 famílias, classificadas de acordo com o seu espetro de formas de crescimento em ervas anuais, ervas perenes, arbustos (incluindo subarbustos) e árvores. Os arbustos predominaram (39,4%), seguidos das ervas anuais (34%), das árvores (13,8%) e das ervas perenes (12,8%). Entre os transectos, os FGs dominantes (arbustos e ervas anuais) concentraram-se no transecto sul (T3) e adjacente à costa do Mar Vermelho (T4).

A vantagem relativa dos arbustos sobre as gramíneas quando a água é limitada, como na área de estudo, pode ser explicada pelos seus extensos sistemas radiculares, que são capazes de utilizar a água armazenada em diferentes profundidades do solo, enquanto as gramíneas utilizam a água transitória armazenada na parte superior do solo, sincronizada com os impulsos de precipitação. A camada superior seca dos depósitos superficiais actua como uma camada protetora, a humidade é armazenada em camadas subsuperficiais e o arenito subjacente proporciona uma capacidade adicional de armazenamento de água. A presença de uma camada superficial sub permanentemente húmida é um fenómeno bem conhecido nos desertos egípcios **(Kassas e Batanouny, 1984)**. Tal como apresentado nos resultados, é evidente o predomínio de espécies vegetais arbustivas sobre as gramíneas.

As 13 árvores estavam distribuídas entre T1, T3 e T4. *Balanites aegyptiaca* e *Capparis decidua* foram registadas apenas em Wadi Gimal e no seu afluente (Wadi Hafafit). Este resultado está de acordo com as observações **de Galal (2011)** neste wadi. Ao contrário de *Calotropis procera*, ausente apenas em T4, o halófito marinho tolerante ao sal (*Avicennia marina*) estava confinado à costa do Mar Vermelho. O registo de *Avicennia marina* a dominar a vegetação mangal ao longo da costa do Mar Vermelho (T4) é notável e foi documentado por **Zahran e Willis (2009)**.

Oito das 12 ervas perenes registadas estavam confinadas a T1 ou T4. As halófitas tolerantes ao sal *Aeluropus littoralis, Juncus rigidus* e *Leptochloa fusca* estavam confinadas à costa do Mar Vermelho (T4). Por outro lado, a erva perene psammoxerófita *Citrullus colocynthis* foi registada em três transectos (ausente em T4) e dominou Wadi Natash. Este padrão de distribuição e dominância foi documentado por **Zahran e Willis (2009).** Foi indicado que *a Citrullus colocynthis* tem uma vasta gama de distribuição geográfica no Egito. Nos últimos anos, *C. colocynthis* foi colhida em quase todas as regiões fitogeográficas do Egito **(Abd El-Ghani *et al.*, 2011). Kassas e Imam (1954)** referiram que os frutos desta erva perene são frequentemente colhidos pelo seu valor medicinal; esta recolha extensiva reduz a capacidade reprodutiva da planta e, consequentemente, o seu número. Como mencionado nos resultados, Poaceae incluía 8 espécies, das quais *Imperata cylindrica, Stipagrostis plumosa* e *Dichanthum annulatum* estavam confinadas ao transecto norte T1. As ervas anuais mostraram dominância em T1, T2 e T3. No entanto, apenas 10 delas foram registadas junto à costa do Mar Vermelho. *Chenopodium murale, Oligomeris linifolia* e *Sonchus oleraceus* estavam confinados a T4.

De acordo com **Kassas (1966)**, as plantas anuais representam 50-60% da vegetação do deserto durante a estação das chuvas. A este respeito, o elevado número de ervas anuais nos transectos T1, T2 e T3 pode ser atribuído às águas de escorrência que se acumulam nestes wadis e nas bermas das estradas, frequentemente sujeitas a torrentes. Este microhabitat especial favorece o crescimento e o florescimento das plantas anuais, formando uma densa vegetação de espécies anuais.

Os povoamentos monodominantes na área de estudo não são tão comuns como os dominados por mais do que uma espécie. Foram registados povoamentos monotípicos dominados por *Balanites aegyptiaca* (em Wadi Gimal), *Limonium axillare, Zygophyllum album* e *Tamarix nilotica* (na costa do Mar Vermelho; T4).

Vastas áreas dos desertos egípcios (Ocidental, Oriental e Sinai) foram objeto de recuperação de terras devido ao aumento do crescimento demográfico **(Biswas, 1993)**. Na área de estudo, os processos agrícolas foram praticados nas partes deltaicas de vários wadis, como Wadi Kharit e W. Natash, e nas bermas das estradas T1 e T2. Como os processos de recuperação de terras implicam uma alteração quase completa dos factores ambientais, foram registadas várias ervas daninhas comuns do agro-ecossistema (por exemplo, *Cynodon dactylon, Malva paviflora, Dicanthiun annulatum, Cyperus rotundus, Sonchus oleraceus* e *Chenopodium murale*). Assim, as ervas daninhas encontram as novas condições favoráveis ao seu crescimento. Perto dos limites do deserto neste estudo, as espécies xerófitas crescem naturalmente entre as ervas daninhas da cultura. Isto indica que estas espécies são nativas da vegetação natural do deserto e podem permanecer após o processo de recuperação. Por conseguinte, as terras recuperadas que se encontram na periferia do deserto podem ser consideradas como zonas de transição do processo de sucessão entre as antigas terras cultivadas e as do deserto **(Shaheen, 2002; Abd El-Ghani *et al.*, 2013b)**.

Relativamente à ocorrência e dominância de espécies, *Zilla spinosa, Acacia tortilis* subsp. *raddiana, Morettia philaeana, Zygophyllum coccineum, Caroxylon imbricatum* e *Citrullus colocynthis* dominaram a área de estudo e apresentaram os valores-Q mais elevados. Este resultado está de acordo com o obtido por **Abd El-Ghani *et al.* (2013a)** e **Salama *et al.* (2012)** nas partes norte e central do deserto oriental, e por **Springuel *et***

***al.* (2006)** na parte sudeste deste deserto. *Acacia tortilis* subsp. *raddiana, Morettia philaeana* e *Citrullus colocynthis* estavam completamente ausentes no transecto do Mar Vermelho, enquanto a presença de espécies tolerantes ao sal, como *Tamarix nilotica, Limonium axillare, Arthrocnemum macrostachyum, Juncus rigidus* e *Nitraria retusa*, com valores de presença elevados no transecto do Mar Vermelho, indicava o seu habitat salinizado.

De um modo geral, o maior número de espécies pertencentes a cada grupo funcional foi observado nos dois últimos escalões de ocorrência (espécies raras e muito raras) e foram 33 e 25 espécies, respetivamente. Nesta investigação; as espécies dominantes ($Q \geq 0,2$) foram representadas em povoamentos que variaram entre 30-86 povoamentos. Metade das 6 espécies dominantes eram arbustos (*Zilla spinosa, Caroxylon imbricatum* e *Zygophyllum coccineum*). As espécies muito comuns (Q-value 0,1- 0,199) eram dominadas por ervas anuais (5 espécies), por exemplo, *Tetraena simplex, Schouwia purpurea* e *Astragalus eremophilus*, mas não havia ervas perenes neste nível de ocorrência. As espécies comuns (valor Q 0,05-0,099) incluíam 10 arbustos (por exemplo, os elementos do Mar Vermelho; *Nitraria retusa, Zygophyllum album* e *Limonium axillare*), 7 ervas anuais, 2 ervas perenes e uma árvore (*Balanites aegyptiaca*).

Trinta e três espécies raras (espécies ocasionais, Q-value 0.01-0.049) foram registadas em 2-6 povoamentos e eram 13 arbustos, 12 ervas anuais, 5 árvores e 3 ervas perenes. Verificou-se que essas três ervas perenes pertenciam a Poaceae (*Aeluropus littoralis, Cynodon dactlyon* e *Imperata cylindrica*). As 25 espécies esporádicas (espécies muito raras), representadas em 1 povoamento (valor $Q \leq 0,01$), foram organizadas da seguinte forma: ervas anuais (8 espécies), arbustos (7 espécies), ervas perenes (6 espécies) e árvores (4 espécies). Por conseguinte, metade das ervas perenes registadas neste estudo foram classificadas como espécies muito raras (por exemplo, *Dichanthum annulatum, Leptochloa fusca, Stipagrostis plumosa* e *Typha domingensis*).

A comparação dos resultados da diversidade florística na área de estudo (sul do Deserto Oriental) com os da parte norte **(Abdel-Aleem, 2013)** indicou que 60 espécies eram comuns, 103 confinadas à parte norte, enquanto 34 espécies eram consistentes com a parte sul. Assim, a diversidade florística na parte norte é três vezes superior à da parte sul do deserto oriental, o que pode ser atribuído às condições climáticas amenas que prevalecem no norte. Além disso, o aumento da aridez para sul desempenha um papel fundamental na redução da diversidade florística. Por outro lado, 60% da vegetação do norte (não presente no sul) era representada por ervas anuais. A diminuição do número de plantas anuais na parte sul do deserto oriental pode ser atribuída à aridez ambiental e à continentalidade térmica que aumenta de norte para sul **(Abd El-Ghani, 1998)**.

A abordagem em todos os estudos vegetação-ambiente consistiu em fornecer uma descrição subjectiva das condições ecológicas com base na experiência de campo e na interpretação do autor. A investigação sinecológica moderna (quantitativa) preferiu uma metodologia mais subjectiva para utilização à escala local e, por vezes, regional, procurando reduzir a complexidade de um conjunto de dados de campo, quer através da classificação e/ou ordenação de dados florísticos e relacionando depois os resultados com dados ambientais, quer derivando relações de habitat da vegetação a partir de uma única análise de um conjunto combinado de variáveis florísticas e ambientais **(Ter Braak, 1987b)**.

A classificação do conjunto de dados das espécies registadas em cada um dos quatro transectos utilizando a análise de agrupamento produziu grupos de vegetação separados no nível 3 da hierarquia. A análise de agrupamento do transecto Qena-Safaga (T1) produziu 6 grupos de vegetação registados em 22 povoamentos. Entretanto, Idfu-Marsa Alam (T2) tinha 7 grupos de vegetação em 28 povoamentos e havia 4 grupos pertencentes ao transecto sul (Aswan-Kharit-Gimal; T3) representados em 24 povoamentos. O último transecto, a costa do Mar Vermelho (T4), registou 6 grupos distribuídos por 46 povoamentos.

A maioria dos grupos de vegetação identificados tem muito em comum com os registados em alguns wadis do deserto oriental **(Kassas e Zahran, 1962**; **Abd El-Ghani, 1998; Salama *et al.*, 2012)**, do deserto ocidental **(Bornkamm e Kehl, 1990; Abd El-Ghani, 2000)**, ao longo da região oriental **(El-Demerdash *et al*, 1990)** e na região mediterrânica ocidental **(Ayyad e El-Ghareeb, 1982)**, na região sul do Sinai **(El-Ghareeb e Shabana, 1990**; **Moustafa e Zaghloul, 1996**; **El-Kady *et al.*, 1998)** e no noroeste do Negev, Israel **(Tielborger, 1997)**.

Os membros de cada par de grupos estão, em alguns casos, ligados entre si por terem uma das espécies dominantes em comum, por exemplo, os grupos (D1 e D2) no transecto Qena-Safaga (T1), a maioria dos grupos do transecto Idfu-Mersa Alam (T2), os grupos C e D no transecto Qusier-Safaga ao longo da costa do Mar Vermelho (T4). Entretanto, pode notar-se que certos grupos de vegetação caracterizaram um ou mais dos transectos estudados; por exemplo, o grupo (B2) na parte oriental de T2, o grupo (D) de Wadi Kharit (T3) e o grupo (C) em T4.

Em termos de classificação, foram identificados 6 grupos de vegetação no transecto Qena-Safaga (T1): (A) *Zilla spinosa- Caroxylon imbricatum- Ziziphus spina-christi* (B) *Zilla spinosa* (C) *Zygophyllum coccineum-Aerva javanica* (D1) *Zilla spinosa-Zygophyllum coccineum* (D2) *Zygophyllum coccineum-Tamarix nilotica* e (E) *Caroxylon imbricatum-Morettia philaeana Trichodesma africanum-Citrullus colocynthis.* Os três grupos (A, D2 e E) caracterizam-se por um elevado grau de salinidade. Os solos destes grupos estão sujeitos à recuperação de terras pelo homem e a uma evaporação elevada. Em resultado dos climas áridos e semi-áridos, a elevada evaporação é uma causa potencial para que os sais dissolvidos subam para a superfície superior do solo devido ao efeito capilar. A aridez a longo prazo também pode causar a acumulação do teor de sal da precipitação em depressões **(Breckle, 1982)**. Normalmente, os períodos cíclicos de seca aceleram o processo de salinização, sobretudo quando associados à atividade humana **(Akhani, 2006)**. A presença das halófitas *Phragmites australis* e *Tamarix nilotica* confirma esta salinização. O teor de água mais elevado do grupo (E) esclarece os valores elevados dos índices de espécies da flora deste grupo (32 espécies em 3 povoamentos).

A restrição de *Imperata cylindrica* às planícies siltosas húmidas do grupo (E) deve-se aparentemente à incapacidade da espécie de alcançar a franja capilar das águas subterrâneas, que se encontra bastante próxima da superfície **(Rikli, 1943)**. A espécie é considerada como um halófito facultativo, ocorrendo principalmente em solos arenosos com um ligeiro teor de sal. Assim, este habitat pode representar um habitat de transição entre habitats salinos húmidos e secos **(Abd El-Ghani, 2000)**.

Ayyad (1976) salientou que os factores fisiográficos e edáficos desempenham um papel fundamental na distribuição das comunidades vegetais no deserto ocidental do Egito. No presente estudo, as relações entre a vegetação e o ambiente são avaliadas tanto pela

DCA como pela CCA. A análise CCA mostra bem as posições relativas das espécies e dos sítios ao longo dos gradientes ecológicos mais importantes. Ambas as técnicas de ordenação indicaram claramente que a salinidade, os sedimentos finos, a matéria orgânica e o teor de humidade são os factores importantes que controlam a distribuição da vegetação na área de estudo. Este facto foi referido por outros investigadores **(por exemplo, El-Demerdash *et al.*, 1995; Shaltout *et al.*, 1997; Salama *et al.*, 2013)**. Neste estudo, os grupos (B, C e D1) estavam mais próximos da região das Montanhas do Mar Vermelho, ocorrendo em solos arenosos secos, férteis e não salinos. A DCA (Figura 12) também mostrou uma semelhança na composição da sua vegetação e o biplot da CCA revelou uma relação da flora destes grupos com a matéria orgânica e a areia grossa.

O gradiente de textura do solo que existe desde as terras altas arenosas até às planícies de textura fina em ambientes desérticos áridos resulta em gradientes de humidade disponível no solo. Por conseguinte, o teor de humidade é provavelmente um dos factores físicos mais eficazes que conduzem às variações da vegetação neste transecto. O teor de matéria orgânica desempenha um papel importante como elemento-chave na fertilidade do solo, como demonstrado para outros ecossistemas de deserto árido no Egito por **Sharaf El-Din e Shaltout (1985), Abd El-Ghani (1998, 2000) e Salama *et al.* (2012)**.

O presente estudo mostrou que a vegetação da estrada Idfu-Marsa Alam (T2) era composta por 35 espécies em 28 povoamentos e a técnica de análise de agrupamento classificou-os em 7 grupos de vegetação. Estes grupos foram organizados de leste para oeste da seguinte forma: A2 misturado com D2, seguido de Dl e depois A1. Os povoamentos do grupo C situavam-se no centro da estrada, seguidos dos povoamentos das montanhas do Mar Vermelho (B1 e B2).

Estes grupos receberam o nome das espécies dominantes em cada comunidade da seguinte forma (A1) *Zilla spinosa- Caroxylon imbricatum- Morettia philaeana* (A2) *Zilla spinosa- Caroxylon imbricatum* (B1) *Zilla spinosa- Acacia tortilis* subsp. *raddiana* (B2) *Zilla spinosa-Aerva javanica- Pulicaria undulata* subsp. *undulata- Pergularia tomentosa* (C) *Zilla spinosa-Astragalus vogelii* (D1) *Fagonia thebaica-Morettia philaeana* (D2) *Zilla spinosa- Caroxylon imbricatum- Fagonia thebaica- Morettia philaeana.*

A salinidade e a fertilidade mais elevadas estavam representadas no solo do grupo (A2) e caracterizavam-se pela presença de alguns xero-halófitos (por exemplo, *Caroxylon imbricatum, Tamarix aphylla* e *Phragmites australis*). O silte e a argila dominaram a estrutura do solo dos grupos mais diversificados (C, D1 e D2). Além disso, de acordo com o biplot DCA, estes grupos tinham uma composição florística semelhante, dominada por *Zilla spinosa, Acacia tortilis* subsp. *raddiana, Caroxylon imbricatum, Fagonia thebaica, Morettia philaeana, Aerva javanica, Citrullus colocynthis* e *Schouwia purpurea.* De acordo com esta base, o bi-plot CCA mostrou uma correlação elevada entre a flora do grupo (C) e a fração de silte. Estas espécies estão amplamente distribuídas no Egito **(Batanouny, 1979; Zahran e Willis, 2009)** e nos países vizinhos **(Frankenberg e Klaus, 1980; Wojterski, 1985)**. Os povoamentos do grupo B2 mostraram uma posição especial nos diagramas DCA e CCA; tinham uma composição florística especial correlacionada com o teor de sulfato (so_4^{-2}) e de água. Este grupo foi caracterizado por *Heliotropium bacciferum, Iphiona mucronata* e *Pergularia tomentosa* como espécies co-dominantes. As correlações inter-set entre os eixos 1 e 2 da CCA e as fracções do solo mostraram que a flora deste transecto estava claramente correlacionada com o lodo, o teor de água, o MO, o Mg^{+2}, o Na^{+} , o K^{+} , o SO_4^{-2} e o Cl^{-}.

Salama e Fayed (1989) estudaram este transecto e reconheceram quatro tipos de comunidades nesta estrada, uma das quais parecia fazer parte de uma aliança generalizada noutros wadis deste deserto. As comunidades eram *Zilla spinosa - Aerva javanica, Pulicaria undulata. Schouwia thebaica, Cleome arabica-Crotolaria aegtptiaca* e *Acacia tortilis - Zygophyllum coccineum.*

Os grupos A, B, C e D do transecto Aswan-Kharit-Gimal localizavam-se em três wadis principais na parte sul da área de estudo. Os grupos A e B (nomeadamente, *Balanites aegyptiaca* e *Acacia tortilis* subsp. *raddiana*, respetivamente) estavam localizados em Wadi Gimal e Hafafit, no interior das montanhas do Mar Vermelho. A oeste destes, o grupo (D; *Zilla spinosa- Astragalus eremophilus-Cotula cinerea*) estava localizado em Wadi Kharit. Além disso, a vegetação de Wadi Natash pertencia ao grupo (C; *Morettia philaeana*).

O grupo de vegetação (A) cresce num solo seco-salino; dominado por árvores (por exemplo, *Balanites aegyptiaca*, *Tamarix aphylla* e *Acacia tortilis* subsp. *raddiana*) e arbustos (por exemplo, *Zilla spinosa* e *Salvadora persica*) na vegetação das encostas de Wadi Gimal e Wadi Hafafit. Certamente, as árvores e os arbustos são os elementos mais importantes desta vegetação semidesértica, e sabe-se que muitos processos comunitários e ecossistémicos são regulados por eles **(Galal, 2011)**. *A Salvadora persica* é obviamente menos tolerante à seca e está confinada a localidades onde as condições topográficas e climáticas proporcionam um maior fornecimento de humidade **(Kassas e Girgis, 1970)**. A forte perturbação de *S. persica* por seres humanos que recolhem as suas raízes para utilização como escovas de dentes na região da Arábia pode ser uma possível razão para a sua baixa ocorrência e diversidade **(Shaltout *et al.*, 2004; Galal e Fahmy, 2012)**.

Os xero-psamófitos do grupo (C) (por exemplo, *Senna italica, Zilla spinosa, Morettia philaeana, Citrullus colocynthis, Astragalus eremophilus* e *Tetraena simplex*) foram encontrados em povoamentos arenosos secos não salinos com solos de maior fertilidade ao longo de Wadi Natash, onde a infiltração é maior e a água se acumula em camadas mais profundas. A DCA e a CCA revelaram uma diferença significativa entre esta composição da comunidade e as anteriormente mencionadas (grupos A e B). O solo siltoso não salino de Wadi Kharit (grupo D), com o teor de água mais elevado, registou a maior diversidade de espécies entre os outros grupos (31 espécies × 10 povoamentos). O teor de água mais elevado neste Wadi reflecte a predominância de ervas anuais entre os outros grupos funcionais (por exemplo, *Launaea nudicaulis, Asphodelus tenufolius, Astragalus vogelii, Cotula cinerea, Cleome amblyocarpa, Hippocrepis constricta, Launaea amal-aminae, Lupinus digitatus* e *Schouwia purpurea*). Além disso, o bi-plot CCA revelou uma forte correlação entre estas espécies e o teor de humidade do solo. Em geral, a vegetação deste transecto foi altamente afetada pelo teor de água, cascalho, argila, silte, Mg^{+2} e so_4^{-2}.

Transecto da costa do Mar Vermelho (T4) caracterizado por muitas espécies tolerantes ao sal, excretoras de sal e elementos do Mar Vermelho (por exemplo, *Limonium axillare, Hyphaene thebaica, Avicennia marina, Phoenix dactylifera, Zygophyllum album, Arthrocnemum macrostachyum, Nitraria retusa, Tamarix nilotica, Suaeda monoica, Juncus rigidus* e *Aeluropus littoralis*). Estas espécies também foram registadas na costa do Mar Vermelho em estudos anteriores (por exemplo, **Kassas e Zahran, 1962; Abd El-Ghani e Amer, 2003; Hassan, 2003; Galal e Fahmy, 2012**). Pode notar-se que a planta tolerante ao sal *Tamarix nilotica* que dominou os grupos de vegetação (B, D, E1 e E2) formando colinas de tamanhos consideráveis caracterizando o quarto transecto e crescendo vigorosamente para sul **(Springuel *et al.*, 1991)** representando o tipo de comunidade clímax natural da planície costeira do Mar Vermelho com depósitos profundos e uma reserva de água subterrânea **(Kassas e Zahran, 1962)**.

De acordo com **Kassas e Girgis (1965)**, o crescimento do arbusto do deserto *Nitraria retusa* representa a maior tolerância às condições de salinidade do solo e uma penúltima fase no desenvolvimento sucessional. Entretanto, o menor número de ervas anuais em T4, que habitam as planícies costeiras do Mar Vermelho, pode estar relacionado com a elevada salinidade do solo. Este efeito do stress da salinidade na diversidade florística na área de estudo e em áreas afins foi referido por **Moustafa e Klopatek (1995) e Shaltout *et al.* (1997)**.

A classificação por análise de agrupamento dos seis grupos de vegetação estava de alguma forma em conformidade com a aplicação da DCA nesta flora. O grupo (A) *Zilla spinosa-Zygophyllum coccineum* no limite da província de Quseir tinha uma vegetação significativamente diferente da dos grupos (B) *Tamarix nilotica- Zygophyllum coccineum* e (C) *Nitraria retusa-Tamarix aphylla* (em redor da província de Safaga) a norte deste transecto. No entanto, os grupos meridionais (D) *Zygophyllum album* (E1) *Tamarix nilotica* e (E2) *Limonium axillare* ocorreram em solos com salinidade semelhante, Ca^{+2} e so_4^{-2} e também com vegetação bastante semelhante. Sete dos 10 glicófitos anuais registados neste transecto foram recolhidos nos solos mais secos e ligeiramente salinos do grupo A (por exemplo, *Taverniera aegyptiaca, Oligomeris linifolia* e *Tetraena simplex*).

O solo siltoso salino húmido dos grupos (B e C) é dominado por algumas halófitas e tolerantes ao sal (por exemplo, *Limonium axillare, Phragmites australis, Zygophyllum album* e *Nitraria retusa*). Além disso, as sete ervas perenes representadas neste transecto tinham 4 espécies consistentes no grupo (B) e eram *Cyperus rotundus Cynodon dactlyon Leptochloa fusca* e *Juncus rigidus.* Relativamente ao estrato superior de formas de crescimento (árvores), *Hyphaene thebaica* e *Phoenix dactylifera* estavam confinadas ao solo siltoso fértil seco-salino do grupo (E2).

As diferenças entre os grupos registados de vegetação e diversidade reflectem a correlação com os gradientes ambientais. Em condições de precipitação baixa e irregular que prevalecem na área de estudo, a topografia local é um dos principais factores que controlam a sedimentação e a redistribuição da água na paisagem local **(Zohary, 1962).** Por conseguinte, as variações topográficas traduzem-se geralmente numa elevada heterogeneidade de habitats e na correspondente diversidade de espécies **(Kassas e El-Abyad, 1962)**.

De um modo geral, verificou-se uma diminuição gradual e significativa da riqueza de espécies destes seis grupos de norte para sul, talvez devido ao aumento da salinidade com a seca. Por conseguinte, o teor de humidade é provavelmente um dos factores físicos mais eficazes que conduzem às variações da vegetação de norte para sul na área de estudo **(Abd El-Ghani, 2000)**.

Danin (1976) resumiu que são esperadas baixas diversidades de plantas vasculares em desertos extremos, habitats árcticos e alpinos elevados, pântanos salgados e mangais. A diversidade é de interesse teórico porque pode estar relacionada com estabilidade, maturidade, produtividade, tempo de evolução, pressão de predação e heterogeneidade espacial **(Hill, 1973).** É também de importância vital para a conservação das comunidades naturais, cada vez mais ameaçadas pela expansão industrial e urbana **(Naveh e Whittaker, 1979).**

A abordagem fatorial utilizada na presente análise da distribuição das plantas sublinha que a distribuição das espécies é controlada pela interação entre vários factores ambientais capazes de variação independente. **Ayyad (1976) salientou** que os factores fisiográficos e edáficos desempenham um papel fundamental na distribuição das comunidades vegetais no deserto ocidental do Egito.

No presente estudo, as relações entre a vegetação e o ambiente são avaliadas tanto pela DCA como pela CCA. A análise CCA mostra as posições relativas das espécies e dos sítios ao longo dos gradientes ecológicos mais importantes. Ambas as técnicas de ordenação indicaram claramente que a salinidade, os sedimentos finos, a matéria orgânica e o teor de humidade são os factores mais importantes que controlam a distribuição da vegetação da área de estudo. Este facto foi referido por outros investigadores (por exemplo, **El-Ghareeb e Hassan, 1989; El-Demerdash *et al.*, 1995; Shaltout *et al.*, 1997**). O teor de matéria orgânica desempenha um papel importante como elemento-chave na fertilidade do solo, tal como demonstrado por **Sharaf El-Din e Shaltout (1985) e Abd El-Ghani (1998)** para outros ecossistemas desérticos áridos no Egito.

O teor de humidade é provavelmente um dos factores físicos mais eficazes que conduzem às variações da vegetação de norte para sul na área de estudo. **Enright *et al.* (2005) mostraram** que a distribuição dos tipos de vegetação no Parque Nacional de Kirthar, no Paquistão, está mais fortemente relacionada com factores ambientais físicos associados às condições do substrato que afectam o abastecimento de água, do que com factores químicos do solo ou factores de impacto humano. Neste estudo, o gradiente de textura do solo que existe desde as terras altas arenosas até às planícies de textura fina em ambientes desérticos áridos resulta em gradientes de humidade disponível no solo.

Uma variedade de caraterísticas das plantas, incluindo a morfologia, a fisiologia, a reprodução, o estatuto competitivo ou a localização numa sere sucessional, pode ser utilizada para definir grupos funcionais **(Grime, 1993; Zhang, 2005)**. No presente estudo, as plantas do deserto foram separadas em quatro estratos funcionais, árvores, arbustos, ervas perenes e ervas anuais, com base na sua altura, o que reflecte a importância da estrutura da comunidade **(Lyon e Sagers, 2002)**.

Os biplots da análise de correspondência canónica (CCA) (Figuras 26-29) elucidaram as respostas dos GF estudados ao seu ambiente. As árvores (por exemplo, *Calotropis procera, Ricinus communis* e *Acacia tortilis* subsp. *raddiana*) relacionaram-se com argila, areia fina e pH. Entretanto, *Acacia nilotica, Hyphaene thebaica Moringa peregrina* e *Ziziphus spina-christi* preferem a fertilidade do limo.

Os arbustos (por exemplo, *Leptadenia pyrotechnica Panicum turgidum Lotus hebranicus Pulicaria undulata, Zilla spinosa* e *Farsetia stylosa*) foram afectados pelo pH do solo. Enquanto *Caroxylon imbricatum* e *Fagonia thebaica* se correlacionaram com a fertilidade do solo. *As espécies Aerva javanica, Zygophyllum coccineum, Nitraria retusa* e *Lymonium axillare*, localizadas no quadrante inferior direito do CCA, foram afectadas pelos teores de WC e iões solúveis.

A maior parte das ervas perenes que preferem um elevado teor de água e iões solúveis foram encontradas nos quadrantes direitos da CCA (por exemplo, *Cyperus rotundus, Juncus rigidus, Leptochloa fusca, Phragmites australis, Dichanthum annulatum,*

Imperata cylindrica e *Typha domingensis*). Enquanto *Stipagrostis plumosa. Citrullus colocynthis* e *Monsonia heliotropioides* responderam aos teores de matéria orgânica do solo.

Há muito que se observou que o estrato herbáceo é mais sensível às variações ambientais do que o estrato arbóreo **(Jafari *et al.*, 2004)**. As ervas anuais que preferem o teor de água foram colocadas no quadrado superior direito (por exemplo, *Astragalus vogelii, Eremobium aegyptiacum, Asphodelus tenuifolius* e *Cleome amblyocarpa*). As espécies que preferem a fertilidade do solo (OM), as reacções do solo (pH) e os iões solúveis foram representadas na parte superior esquerda (por exemplo, *Tetraena simplex* e *Malva parviflora*). As espécies que responderam à textura do solo (cascalho, areia grossa e areia fina) foram registadas nos quadrantes inferiores (e.g. *Polycarpaea repens, Forsskaolea tenacissima, Morettia philaeana* e *Schouwia purpurea*).

As diferenças nas respostas aos gradientes ambientais entre

+2 grupos funcionais foram claros na área de estudo. O teor de água e o Ca foram variáveis dominantes que afectaram as quatro camadas, enquanto o K^+ e a OM do solo foram importantes apenas para as árvores. As ervas perenes não foram de todo afectadas pela textura do solo; entretanto, os cascalhos e a areia fina foram significativos para os arbustos e as ervas anuais. Além disso, a areia grossa e a argila foram importantes para o estrato inferior (ervas anuais). No entanto, as árvores, os arbustos e as ervas perenes mostraram uma relação estreita com o pH, o Mg^{+2} e o SO_4^{-2}. As árvores apresentaram uma relação estreita com os factores de salinidade (Na^+ e Cl^-). Além disso, o HCO_3^- mostrou o seu efeito apenas nas ervas perenes.

Os diferentes grupos funcionais de uma comunidade partilham o mesmo complexo de variáveis ambientais e, por conseguinte, é fácil compreender que são semelhantes nas suas respostas aos gradientes ambientais. Isto indica que as funções e os papéis dos grupos de espécies nas comunidades estão intimamente relacionados entre si **(Zhang, 2003; Zhang e Zhang, 2007)**. Embora diferentes grupos de plantas apresentem padrões semelhantes de diversidade de espécies em resposta aos gradientes ambientais, os gradientes com os valores máximos de diversidade são diferentes de cada grupo de plantas, o que se deve a interações entre grupos funcionais. Neste estudo, as correlações entre os índices de diversidade de espécies e os gradientes do solo mostraram uma correlação significativa entre a areia grossa e a diversidade de árvores. No entanto, o teor de água afectou significativamente a diversidade das ervas anuais. Entretanto, a diversidade de ervas perenes apresentou correlações significativas com 11 variáveis do solo (textura do solo e CC não incluídas).

Resumo

Durante três anos sucessivos (2011-2013), a diversidade florística e a composição da vegetação dos grupos funcionais na parte sul do Deserto Oriental, entre as latitudes 26° 45' a 24° 1'N e as longitudes 32° 45' a 35° 00'E, que cobre uma área total de cerca de 54500 km^2, foram investigadas através de quatro transectos (3 atravessando o Deserto Oriental e um ao longo do Mar Vermelho). Estes transectos foram: (1) estrada Qena-Safaga, (2) estrada Idfu-Marsa Alam, (3) Aswan-Kharit-Gimal e (4) planície costeira do Mar Vermelho.

Foi elaborada uma lista de contagem florística dos 142 povoamentos para representar a composição florística, os grupos funcionais, a corologia e as ocorrências (valores-Q). Estes povoamentos foram distribuídos da seguinte forma: 6 povoamentos na estrada Aswan- Berenice, 6 em Wadi Kharit, 10 em Wadi Natash, 6 na estrada El-Shikh El-Shazly Marsa-Alam, 20 povoamentos em Wadi Gimal e seu afluente (Wadi Hafafit), 26 povoamentos na estrada Idfu-Marsa Alam, 22 na estrada Qena-Safaga, e 46 do Mar Vermelho. Cada povoamento foi georreferenciado com recurso a um GPS. Os taxa registados foram classificados de acordo com os quatro grupos funcionais (árvores, arbustos, ervas perenes e ervas anuais). O número de espécies dentro de cada categoria de grupo funcional foi expresso como uma percentagem do número total de espécies na área de estudo. Foram recolhidas amostras de solo de cada povoamento, tendo sido determinados a textura do solo, o teor de humidade do solo, a matéria orgânica (MO), a condutividade eléctrica (CE), os sais solúveis totais (SST), o pH, os iões principais (Na^+ , K^+ , Ca^{+2}, Mg^{+2}, Cl^-, SO_4^{-2} e HCO_3^-).

Foi registado um total de 94 espécies de plantas pertencentes a 33 famílias diferentes (62 perenes e 32 anuais), sendo as maiores famílias Asteraceae, Zygophyllaceae, Fabaceae, Poaceae, Chenopodiaceae e Brassicaceae. Os arbustos representaram o maior grupo funcional (39,4%), enquanto as ervas perenes representaram o menor (12,8%). A ocorrência de espécies (valor Q) revelou que *Zilla spinosa, Acacia tortilis* subsp. *raddiana, Morettia philaeana, Salsola imbricata* subsp. *imbricata, Zygophyllum coccineum* e *Citrullus colocynthis* tinham uma ampla gama ecológica de distribuição (espécies dominantes, valores Q $\geq$ 0,2). Os cálculos da ocorrência e dominância das espécies revelaram que 58 espécies representam taxa raros e muito raros. A maior parte das espécies registadas na área de estudo eram do corótipo Saharo-Árabe, que representava 77,5%. Pelo contrário, as espécies amplamente distribuídas pertencentes a corótipos cosmopolitas, paleotropicais e pantropicais constituíam cerca de 12,8% da flora registada. As espécies endémicas estavam completamente ausentes.

O estudo da distribuição dos grupos funcionais nos transectos estudados mostrou uma diferença significativa entre o transecto do Mar Vermelho e os outros. As espécies arbustivas foram o estrato mais amplamente distribuído entre os 4 transectos. Por outro lado, os arbustos de *Zygophyllum album, Nitraria retusa, Limonium axillare, Crotalaria aegyptiaca, Arthrocnemum macrostachyum, Cornulaca monacantha* e *Capparis spinosa* estavam confinados ao transecto do Mar Vermelho. A erva perene (*Citrullus colocynthis*) foi dominada na parte sul (Wadi Natach). As árvores de *Balanites aegyptiaca* e *Capparis decidua* foram registadas apenas em Wadi Gimal (T3). A comparação da flora da área de estudo com a parte norte mostrou que a diversidade florística na parte norte é três vezes (163 espécies; 103 confinadas à parte norte) superior à da parte sul.

Pode concluir-se que a aplicação da técnica de análise de agrupamento forneceu uma ferramenta útil na classificação de povoamentos em muitos grupos de vegetação coincidentes com variações ecológicas. A classificação do conjunto de dados produziu 6, 7, 4 e 6 grupos de vegetação para T1, T2, T3 e T4, respetivamente. A análise de variância (ANOVA) aplicada aos índices de diversidade de espécies (SR e H') mostrou uma diferença significativa entre os grupos dentro de cada transecto.

As comunidades (grupos de vegetação) do primeiro transecto foram **(A):** Grupo *Zilla* *spinosa- Caroxylon imbricatum- Ziziphus spina-christi*, **(B):** Grupo *Zilla spinosa*, **(C):** Grupo *Zygophyllum coccineum-Aerva javanica*, **(D1):** Grupo *Zilla spinosa-Zygophyllum coccineum*, **(D2):** Grupo *Zygophyllum coccineum-Tamarix nilotica* e **(E):** *Caroxylon imbricatum- Morettia philaeana Trichodesma africanum-Citrullus colocynthis*. Ao longo do transecto Idfu-Marsa Alam (T2), as comunidades vegetais identificadas foram **(A1):** *Zilla spinosa- Caroxylon imbricatum- Morettia philaeana* group, **(A2):** *Zilla spinosa- Grupo Caroxylon imbricatum*, **(B1):** Grupo *Zilla spinosa-Acacia tortilis* subsp. *raddiana*, **(B2):** *Zilla spinosa- Aerva javanica-Pulicaria undulata* subsp. *undulata-* Grupo *Pergularia tomentosa*, **(C):** Grupo *Zilla spinosa-Astragalus vogelii*, **(D1):** Grupo *Fagonia thebaica-Morettia philaeana*, **(D2):** Grupo *Zilla spinosa-Caroxylon imbricatum- Fagonia thebaica- Morettia philaeana*

As comunidades do transecto sul (T3) foram **(A):** grupo *Balanites aegyptiaca*, **(B):** Grupo *de Acacia tortilis* subsp. *raddiana*, **(C):** Grupo *de Morettia philaeana* e **(D):** Grupo de *Zilla spinosa-Astragalus eremophilus- Cotula cinerea*. Entretanto, a costa do Mar Vermelho (T4) foi caracterizada por muitas espécies tolerantes ao sal, excretoras de sal e elementos do Mar Vermelho nas 6 comunidades; **(A):** Grupo *Zilla spinosa-Zygophyllum coccineum*, **(B):** Grupo *Tamarix nilotica-Zygophyllum coccineum*, **(C):** Grupo *Nitraria retusa-Tamarix aphylla*, **(D):** Grupo *Zygophyllum album*, **(E1):** Grupo *Tamarix nilotica* e **(E2):** Grupo *Limonium axillare.*

As relações solo-vegetação foram avaliadas por DCA e CCA. A análise CCA mostrou bem as posições relativas das espécies e dos sítios ao longo dos gradientes ecológicos mais importantes. Ambas as técnicas de ordenação indicaram claramente que a ordenação dos grupos de vegetação estava geralmente separada uns dos outros e, por vezes, interligada. A segregação destes grupos ao longo de ambos os eixos do biplot implica que os factores edáficos parecem desempenhar um papel importante no padrão de distribuição das espécies na área de estudo. Cada espécie distribui-se à sua maneira, de acordo com as suas próprias caraterísticas genéticas e fisiológicas e a sua relação com o ambiente físico e a interação com outras espécies. Por conseguinte, não há duas espécies iguais em termos de distribuição. A textura do solo, o teor de humidade, a salinidade, os sulfatos e os teores de matéria orgânica estavam altamente correlacionados com os padrões de distribuição das espécies.

O estudo das respostas dos grupos funcionais (árvores, arbustos, ervas perenes e ervas anuais) às variáveis do solo revelou alterações espaciais que podem afetar os grupos funcionais. A análise de correspondência canónica (CCA) foi utilizada para elucidar as respostas dos GF estudados ao seu ambiente. Estes quatro GF responderam igualmente ao teor de água e Ca^{+2}; entretanto, o K^{+} e a matéria orgânica foram os factores mais importantes para as árvores, seguidos pelos factores de salinidade (Na^{+} e Cl^{-}). As árvores, os arbustos e as ervas perenes apresentaram respostas semelhantes ao pH, Mg^{+2} e SO_4^{-2}. Os cascalhos e a areia fina foram significativos para os arbustos e as ervas anuais. Além disso, a areia grossa e a argila tiveram uma importância para a camada inferior (ervas anuais). Além disso, o HCO_3^{-} mostrou o seu efeito apenas nas ervas perenes.

Os índices de diversidade de espécies dos FGs mostraram correlações significativas com os gradientes do solo. Verificou-se uma correlação entre a areia grossa e a diversidade de árvores. No entanto, o teor de água afectou significativamente a diversidade das ervas anuais. Entretanto, a diversidade de ervas perenes apresentou correlações significativas com 11 variáveis do solo (não foram incluídas a textura do solo e a CA).

Referências

Aarssen, L.W. (1992): Causas e consequências da variação na capacidade competitiva em comunidades de plantas. Journal of Vegetation Science **3:** 165-174.

Abd El-Ghani, M.M. (1981): Preliminary studies on the vegetation of Bahariya Oasis-Egypt. Tese de Mestrado não publicada, Universidade do Cairo.

Abd El-Ghani, M.M. (1985): Estudo comparativo sobre a vegetação dos Oásis de Bahariya e Farafra e da região de Faiyum. Tese de doutoramento não publicada, Universidade do Cairo.

Abd El-Ghani, M.M. (1997): Análise da vegetação e diversidade de espécies ao longo de um gradiente altitudinal nas montanhas centrais de Hijaz, na Arábia Saudita. Arab Gulf J Scient Res, **15:** 399-414.

Abd El-Ghani, M.M. (1998): Environmental correlates of species distribution in arid desert ecosystems of eastern Egypt. Journal of Arid Environments. **38:** 297-313.

Abd El-Ghani, M.M. (2000): Florística e relações ambientais em duas zonas desérticas extremas do Egito ocidental. Ecologia Global e Biogeografia. **9:** 499-516.

Abd El-Ghani, M.M. e Abdel-Khalik, K.N. (2006): Floristic Diversity and Phytogeography of the Gebel Elba. Parque Nacional, Sudeste do Egito, **30:** 121-136.

Abd El-Ghani, M.M. e Amer, W.M. (2003): Relações solo-vegetação numa planície desértica costeira do sul do Sinai, Egito. J. Arid Environ., **55(4):** 607-28.

Abd El-Ghani, M.M. e El-Sawaf, N. (2004): Diversidade e distribuição de espécies vegetais no agro-ecossistema do Egito. Syst. Geogr. Pl., **74:** 319-336.

Abd El-Ghani, M.M. e Fahmy, A.G. (1998): Composição e alterações na flora espontânea do Oásis de Feiran, S. Sinai, Egito, nos últimos 60 anos. Willdenowia **28:** 123-134.

Abd El-Ghani, M.M.; Abo El-Kheir, M.; Abdel-Dayem, M. e Abd El-Hamid, M. (2011): Análise da vegetação e caraterísticas do solo de cinco plantas trepadeiras comuns do deserto no Egito. Jornal Turco de Botânica. **35:** 561-580

Abd El-Ghani, M.M.; Reinhard, B. e Frank, D. (2003): Comunidades vegetais em dois transectos de vegetação no deserto extremo do Egito Ocidental. Phytocoenologia, **33(1):** 29-48.

Abd El-Ghani, M.M.; Salama, F. Salem, B.; El-Hadidy, A. e Abdel-Alem, M. (2013a):_Relações **biogeográficas** de uma flora do deserto hiperárido no Egito oriental. Revista Africana de Ecologia. No prelo.

Abd El-Ghani, M.M.; Soliman, A.T.; Hamdy, R.S. e Bennoba, I.H. (2013b): Flora de ervas daninhas nas terras recuperadas ao longo do setor norte do Vale do Nilo, Egito. Jornal Turco de Botânica. **37:** 464-488.

Abdel-Aleem, M. (2013): Análise florística e afinidades fitogeográficas do deserto oriental do Egito. Tese de doutoramento não publicada, Faculdade de Ciências, Universidade do Cairo.

Abdel-Rahman, A.A. e Batanouny, K.H. (1959): A fenologia das plantas do deserto em relação ao ambiente. Bull. Inst. Du Desert d'Egypt. **9:** 11-19.

Abdel-Rahman, A.A. e Batanouny, K.H. (1965): A produção de água da vegetação do deserto em diferentes microhabitats em wadi Hoff. Journal of Ecology. **53:** 267-272.

Abdel-Razik, M.; Abdel-Aziz, M. e Ayyad, M. (1984): Gradientes ambientais e distribuição de espécies num transecto em Omayed (Egito): Journal of Arid Environments, **7:** 337-352.

Abernethy, V. (1994): The functional ecology of euhydrophyte communities of

European riverine wetland ecosystems. Tese de doutoramento não publicada, Universidade de Glasgow, Escócia.

Aguiar, M.R.; Paruelo, J.M.; Sala, O.E. e Lauenroth, W.K. (1996): Respostas do ecossistema a mudanças na composição do tipo funcional da planta: um exemplo das estepes da Patagónia. Journal of Vegetation Science, **7:** 381-390.

Akhani, H. (2006): Biodiversidade de ecossistemas halofíticos e sabkha no Irão. Ajmal Khan M., Benno B., Kust, G.S. Barth, H. (eds.), Sabkha Ecosystems. Volume II: West and Central Asia, p. 71-88. Springer.

Ali, M.M. (2003): Tipos funcionais de plantas no Lago Núbia em relação a factores fisicogeográficos. Limnologica, **33:** 305-315.

Ali, M.M.; Murphy, K.J. e Abernethy, V.J. (1999): Macrophyte functional variables v. species assemblages as predictors of trophic status in flowing waters. Hydrobiologia **415:** 131-138.

Allen, S.E.; Grimshaw, H.M.; Parkinson, J.A. e Quarmby, C. (1974): Chemical Analysis of Ecological Materials. Oxford: Blackwell Scientific Publication.

Allison, G.W. (1999): The implications of experimental design for biodiversity manipulations. American Naturalist, **153:** 26-45.

Al-Sherif, E.A.; Ayesh, A.M. e Rawi, S.M. (2013): Composição florística, forma de vida e corologia da vida vegetal na região de Khulais, Arábia Saudita Ocidental. Pakistan Journal of Botany, **45**(1): 29-38.

Anon (1993): SPSS for Windows. Guia do utilizador do sistema de base, versão 5.0. Marija J. Norusis/SPSS Inc.

Arndt, S.K. (2006): A investigação integrada dos traços funcionais das plantas é importante para a compreensão dos processos do ecossistema. Plant Soil **285:**1-3.

Austin, M.P. (1990): Teoria da comunidade e competição na vegetação. In: Grace, J.B., Tilman, D. (Eds.), Perspectives on Plant Competition. Academic Press, San Diego, pp. 215-238.

Austrheim, G. (2002): Plant diversity patterns in semi-natural grasslands along an elevational gradient in southern Norway (Padrões de diversidade vegetal em prados semi-naturais ao longo de um gradiente de elevação no sul da Noruega). Plant Ecol., **161:** 193-205.

Ayyad, M.A. (1973): Vegetação e ambiente da zona costeira mediterrânica ocidental do Egito. I. O habitat das dunas de areia. Jornal de Ecologia, **61**: 509-523.

Ayyad, M.A. (1976): A vegetação e o ambiente da zona costeira mediterrânica ocidental do Egito. IV. O habitat das depressões não salinas. Jornal de Ecologia, **64:** 713-722.

Ayyad, M.A. e Ammar, M.Y. (1974): Vegetação e ambiente da Terra Costeira do Mediterrâneo Ocidental do Egito. II. O habitat das cristas interiores. Jornal de Ecologia, **62**: 439-456.

Ayyad, M.A. e El-Ghareeb, R. (1982): Vegetação de pântanos salgados do deserto mediterrânico ocidental do Egito. Vegetação, **49:** 3-19.

Ayyad, M.A. e Ghabbour, S.I. (1986): Desertos quentes do Egito e do Sudão. In: Evenari M., Noy-Meir, I. e Goodall, D.W. (Eds), Hot Deserts and Arid Shrublands , pp. 149-202. Amsterdam: Elsevier.

Ayyad, M.A.; Abdel-Razik, M. e Hanna, A. (1986): Climatic and vegetation gradients in the Mediterranean desert of Egypt. mediterraneen Bioclimatologie Symposium, Centre d'E'udes phytoscociologiques et Ecologiques Louis Emberger du C.N.R.S, Montpellier:III. **2**:1-12.

Ayyad, M.A.; Fakhry, A.M. e Moustafa, A.A. (2000): Biodiversidade vegetal na área de Santa Catarina da península do Sinai, Egito. Biodiversity and Conservation, **9:** 265-281.

Badri, M.A.; Pulford, I.D. e Springuel, I. (1996): Fornecimento e acumulação de metais em duas espécies de plantas do deserto egípcio que crescem em depósitos de enchimento de wadi. Journal of Arid Environments, **32:** 421-429.

Ball, J. (1939): Contribuições para a Geografia do Egito. Departamento de Inquéritos e Minas, Cairo, 308pp.

Barbault R. e Hochberg M.E. (1992): Population and community level approaches to studying biodiversity in international research programs, Ata Oecologia, **13:** 137-146.

Bardsley, C.E. e Lancaster, J.D. (1965): Sulfur. In: Black, C.A.; Evans, D.D.; White, J.L.; Jnsminger, L.E.; Clark, F.E., eds. Methods of soil analysis. Parte 2. Agronomia. Série No. 9. Madison, Wisconsin: Sociedade Americana de Agronomia, Inc., 11021116.

Barron, T. e Hume, W.F. (1902): Topography and Geology of the Eastern Desert of Egypt (Central Portion). *Egito. Departamento de Estudos do Egito, Cairo.*

Batalha, M.A. e Martins, F.R. (2002): Espectros de formas de vida de sítios do cerrado brasileiro. Flora. **197:** 452 - 460

Batanouny, K.H. (1973): Caraterísticas do habitat e vegetação dos desertos e semi-desertos do Egito. Vegetatio, **27(4-6):** 181-199.

Batanouny, K.H. (1979): A vegetação do deserto no Egito. Revista de Estudos Africanos da Universidade do Cairo, Publicação Especial, **1:** 9-37.

Batanouny, K.H. e Hilli, M.R. (1973): Estudo fitossociológico do deserto de Ghurfa, Iraque Central. Phytocoenologia, **1:** 223-249.

Batanouny, K.H. e Zaki M.A.F. (1969): Desenvolvimento radicular de duas espécies comuns em diferentes habitats na região mediterrânica do Egito. Ata Bot. Acad. Sei. Hung, **15:** 217-226.

Batanouny, K.H. e Zaki M.A.F. (1974): Factores edáficos e distribuição de associações de plantas num sector da zona costeira do Mediterrâneo no Egito. Phyton (Áustria), **15(3-4):** 193-202.

Belsky, A. J. (1992): Effects of grazing, competition, disturbance, and fire on species composition and diversity in grassland communities. Journal of Vegetation Science, **3:** 187-200.

Berendse, F. e Elberse, W.T. (1990): Competition and nutrient availability in heathland and grassland ecosystems (Competição e disponibilidade de nutrientes em ecossistemas de charnecas e prados). In: Grace, J.B., Tilman, D. (Eds.), Perspectives on Plant Competition. Academic Press, San Diego, pp. 93-116.

Biswas, A.K. (1993): Land resources for sustainable agricultural development in Egypt. Ambio, **22**: 556-560.

Blondel, J. (2003): Guilds or functional groups: does it matter? Oikos, **100:** 223-231.

Bond, W.J. (1993): Keystone species, em: Schulze E.D., Mooney H.A. (Eds.), Biodiversity and ecosystem function, Ecological Studies. vol. 99, Springer Verlag, Berlin, Heidelberg and New York, pp. 237-253.

Bornkamm, R. (1987): Crescimento de vegetação acidental em solos desérticos no sudoeste do Egito. *Catena* **14**:267-274.

Bornkamm, R. (2001): Ecossistemas alóctones - ecossistemas sem produtores. Bocconea, **13:** 201-208.

Bornkamm, R. e Kehl, H. (1990): As comunidades vegetais do deserto ocidental do Egito. Phytocoenologia **19(2):** 149-231.

Boulos, L. (1985): A contribution to the flora of the Asir Mountains, Saudi Arabia. Arab Gulf J Scient Res, **3:** 67-94.

Boulos, L. (1995): Flora do Egito. Lista de controlo. Ed. Al Hadara Publishing. 617 pp.

Boulos, L. (1997): Flora endémica do Médio Oriente e do Norte de África. In: Barakat, H.N. e Hegazy, A.K. (Eds.), Reviews in Ecology: Conservação e desenvolvimento do deserto, pp. 229-245. Cairo: Metropole. 331 pp.

Boulos, L. (1999): Flora do Egito, Volume 1: Azollaceae-Oxalidaceae. Ed. Al Hadara Publishing. 419 pp.

Boulos, L. (2000): Flora do Egito, Volume 2: Geraniaceae - Boraginaceae. Ed. Al Hadara Publishing. 392 pp.

Boulos, L. (2002): Flora do Egito, Volume 3: Verbenaceae-Compositae. Ed. Al Hadara Publishing. 373 pp.

Boulos, L. (2005): Flora do Egito, Volume 4: Monocotiledóneas (Alismataceae-Orchidaceae)**:** Ed. Al Hadara Publishing. 617 pp.

Boutin, C. e Keddy, P.A. (1993): Uma classificação funcional de plantas de zonas húmidas. Journal of Vegetation Science, **4:** 591-600.

Box, E.O. (1996): Plant functional types and climate at the global scale, Journal of Vegetation Science **7:** 309-320.

Bradstock, R.A. e Kenny, B.J. (2003): Uma aplicação de tipos funcionais de plantas à gestão do fogo numa reserva de conservação no sudeste da Austrália. Journal of

Vegetation Science, **14:** 345354.

Breckle, S.W. (1982): The significance of salinity. In: Spooner, B. e Mann, H.S. (Eds.) Dryland ecology in social perspective. pp. 277292. Academic Press. Londres/Nova Iorque.

Bugmann, H. (1996): Tipos funcionais de árvores em florestas temperadas e boreais: classificação e teste. Journal of Vegetation Science, **7:** 359-370.

Buis, E.; Veldkamp, A.; Boeken, B. e van Breemen, N. (2009): Controls on plant functional surface cover types along a precipitation gradient in the Negev Desert of Israel. Journal of Arid Environments **73:** 82-90.

Bullard, J.E. (1997): Vegetação e morfologia de terras secas. In: D. S. G. THOMAS (ed.), Arid Zone Geomorphology. pp. 109-131. J. Wiley and Sons, Chichester.

Bullock, J.M.; Clear Hill, B.; Silvertown, J. e Sutton, M. (1995): Gap colonization as a source of grassland community change: effects of gap size and grazing on the rate and mode of colonization by different species. Oikos, **72:** 273-282.

Butzer, K.W. e Hansen, L. (1968): Deserto e rio na Núbia: Geomorfologia e ambientes pré-históricos no reservatório de Assuão. University of Wisconsin Press. Madison, Wisc. EUA, 562 p.

Challenger, A. (1995): Utilización y conservación de los ecosistemas terrestres de México: pasado, presente y futuro. CONABIO, Instituto de Ecologia-UNAM e Agrupación Sierra Madre, SC México.

Chapin, F.S. III, Bret - Harte, M.S.; Hobbie, S.E. e Zhong, H. (1996): Tipos funcionais de plantas como preditores da resposta transitória da vegetação ártica às mudanças globais. Journal of Vegetation Science **7:** 347-358.

Chapin, F.S. III; Zavaleta E. S.; Valerie T. E.; Naylor, R. L.; Vitousek P. M.; Reynolds H. L.; Hooper D. U.; Lavorel, L., Sala O. E.; Hobbie, S. E.; Mack, M. C. e Diaz, S. (2000): Consequences of changing biodiversity. Nature, **405:** 234-242.

da Costa, R.C.; de Araújo, F.S. e Lima-Verde, L.W. (2007): Flora e espetro de formas de vida em uma área de floresta caducifólia espinhosa (caatinga) no nordeste do Brasil. Revista de Ambientes Áridos **68:** 237-247

Dafni, A. (1992): Ecologia da polinização. Uma abordagem prática. Oxford University Press, Oxford.

Dale, G. (1998): Diversidade de plantas florestais em escalas locais e de paisagem nas montanhas Cascade do sudoeste de Washington. Forest Ecology Managment, **109:** 323-341.

Danin, A. (1976): Diversidade de espécies vegetais em condições desérticas. I. Diversidade de espécies anuais no vale do Mar Morto. Oecologia, 22: 251-259.

Danin, A., Shmida, A. e Liston, A. (1985): Contribuição para a flora de Sinia, III. Lista de verificação das espécies recolhidas e registadas pela equipa de Jerusalém 1967-1982. Willdenowia, **15 (1):** 255-322.

Dargie, T.C.D. (1984): On the integrated interpretation of indirect site ordinations: a case study using semi-arid vegetation in southeastern Spain. Vegetatio, **55:** 37-55.

Dargie, T.C.D. e El-Demerdash, M.A. (1991): Um estudo quantitativo das relações vegetação-ambiente em dois desertos egípcios. Journal of Vegetation Science, **2:** 3-10.

Davis, G.W. e Rutherford, M.C. (1995): Ecosystem function of biodiversity: can we learn from the collective experience of MTE research? In: Davis G.W., Richardson D.M. (Eds.), Biodiversity and ecosystem function in Mediterranean-Type Ecosystems, Ecological Studies, vol. 109. Springer Verlag, Berlim e Heidelberg, pp. 335-350.

Diaz, S. e Cabido, M. (1997): Tipos funcionais de plantas e função do ecossistema em relação às mudanças globais. Journal of Vegetation Science, **8:** 463-473.

Diaz, S. e Cabido, M. (2001): Vive la difference: plant functional diversity matters to ecosystem processes. Tendências em Ecologia e Evolução, **16 (11):** 646-655.

Diaz, S.; Acosta, A. e Cabido, M (1994): Community structure in montape grasslands of central Argentina in relation to landuse, Journal of Vegetation Science, **5:** 483-488.

Diaz, S.; Pérez-harguindeguy, N.; Vendramini, F.; Basconcelo, S;

Funes, G. Gurvich, D; Cabido, M.; Cornelissen, J.H.C. e Falczuk, V. (1999): Traços de plantas como ligações entre a estrutura e o funcionamento do ecossistema. In: Eldridge, D. e Freudenberger, D. (eds), People and rangelands: building the future, pp 896-901.

Doing, H. (1985): Coastal fore-dune zonation and succession in various parts of the world. Vegetatio, **61:** 65-75.

Drury, W.H. (1974): Rare species, Biological Conservation, **6:** 162-169.

Duarte, C.M.; Sand-Jensen, K.; Nielsen, S.L.; Enriquez, S. e Agusti, S. (1995): Comparative functional plant ecology: rationale and potentials. Tendências em Ecologia e Evolução, **10(10):** 418-421.

Dyer, A.R.; Goldberg, D.E.; Turkington, R. e Sayre, C. (2001): Efeitos das condições de crescimento e do habitat de origem nas caraterísticas das plantas e na definição de grupos funcionais. Functional Ecology **15:** 85 - 95.

El-Adawy, H.A.A. (2001): Habitats e diversidade de espécies vegetais ao longo da estrada Katamiya-Ain Sokhna. Tese de Mestrado não publicada. Departamento de Botânica, Faculdade de Ciências, Universidade de Helwan.

El-Demerdash, M.A.; Hegazy, A.K. e Zailay, A.M. (1995): Relações entre vegetação e solo nas planícies costeiras de Tihamah da região de Jazan, Arábia Saudita. Journal of Arid Environments, **30:** 161-174.

El-Demerdash, M.A.; Zahran, M.A. e Serag, M.S. (1990): Sobre a ecologia da terra costeira deltaica do Mediterrâneo, Egito. III. O habitat dos pântanos salgados da região costeira de Damietta-Port Said. Jornal do Golfo Árabe de Investigação Científica, **8(3):** 103-119.

El-Ghanim, W.M.; Hassan, L.M.; Galal, T.M. e Badr, A. (2010):

Composição florística e análise da vegetação na região de Hail, a norte do centro da Arábia Saudita Saudi Journal of Biological Sciences, **17:** 119-128.

El-Ghareeb, R. e Hassan, I.A. (1989): A phytosociological study on the inland desert plateau of the Western Desert of Egypt at El- Hammam. Journal of Arid Environments, **17:** 13-21.

El-Ghareeb, R. e Shabana, M. A. (1990): Relações vegetação-ambiente no leito de Wadi El-Sheikh do sul do Sinai. - Vegetação, **90:** 145-157.

El-Hadidi, M.N. (1980): An outline of the planned flora of Egypt. Taeckholmia Additional Series, **1:** 1-12.

El-Hadidi, M.N. e Fayed, A.A. (1978): Estudos sobre o género *Euphorbia* L. no Egito. II. Tratamento sistemático. Taeckholmia, **9:** 9-57.

El-Hadidi, M.N. e Fayed, A.A. (1994/95): Materiais para a Flora de Excursão do Egito (EFE): Taeckholmia, **15:** 233pp.

El-Kady, H.; Heneidy, S. e El-Demerdash, M. (1998): Análise da vegetação do norte do Golfo de Aqaba, terra costeira do Egito. Jornal da União dos Biólogos Árabes, **6 (B):** 319-328.

El-Khatib, A.A.A. (1993): Estudos ecofisiológicos e palinológicos sobre a vegetação da parte extremamente árida do Egito. Tese de doutoramento. Departamento de Botânica, Faculdade de Ciências, Universidade de Assiut.

El-Sharkawi, H.M.; Fayed, A.A. e Salama, F.M. (1982 a): Vegetação dos wadis do deserto interior no Egito. II. Wadi El-Matuli e wadi El-Qarn. Feddes Repert, **93:**125-133.

El-Sharkawi, H.M.; Salama, F.M. e Fayed, A.A. (1982 b): Vegetação dos wadis do deserto interior do Egito. III. Wadi Gimal e wadi El-Miyah. Feddes Repert, **93:** 135-145.

El-Sharkawi, H.M.; Salama, F.M. e Fayed, A.A. (1987): Vegetação dos wadis do deserto interior no Egito. VIII. Wadi Kherit. Feddes Repertorium, **98**: 543-547.

El-Sharkawi, H.M.; Fayed, A.A. e Salama, F.M. (1988). Vegetação dos wadis do deserto interior no Egito. IX. Afluentes orientais do baixo wadi Qena. Feddes Repert, **99**: 489-495.

Enright, N.J.; Miller, B.P. e Akhter, R. (2005): Vegetação do deserto e relações vegetação-ambiente no Parque Nacional de Kirthar, Sindh, Paquistão. Journal of Arid Environments, **61:** 397-418.

Feng, Y.; Keming M.A.; Zhang, Y. Anand, M. e Kate, H.E. (2011): Relação abundância-distribuição de espécies: as diferenças entre os estratos florestais de carvalho (*Quercus liaotungensis* koidz.). Jornal Polaco de Ecologia, **59(1):** 55-62.

Fossati, J.; Pautou, G. e Peltier, J.P. (1998): Vegetação de Wadi do deserto do Nordeste do Egito. Feddes Repertorium, **109:** 313327.

Fossati, J.; Pautou, G. e Peltier, J.P. (1999): A água como recurso e perturbação da vegetação de wadi numa zona hiperárida (Wadi Sannur, Deserto Oriental, Egito). Journal of Arid Environments, **43:** 63-77.

Frankenberg, P. e Klaus, D. (1980): Atlas der Pflanzenwelt des Nordafricanischen Trockenraums. Arbeitsteilung Geographische Institut (Universitat Bonn), 133: 1-237.

Franks, A. J.; Colin J.Y. e Hobbs, R.J. (2009): Definindo grupos funcionais de plantas para orientar a gestão de plantas raras. Plant Ecology, **204:** 207-216.

Friedel, M.H.; Bastin, G.N. e Grwfin, G.E. (1988): Avaliação e monitoramento de pastagens em terras áridas: a derivação de grupos funcionais para simplificar os dados. Journal of Environmental Management, **27:** 85-97.

Galal, T.M. (2011): Estrutura de tamanho e dinâmica de algumas plantas lenhosas perenes ao longo do gradiente de elevação em Wadi Gimal, costa do Mar Vermelho do Egito. Flora **206:** 638-645.

Galal, T.M. e Fahmy, A.G. (2012): Diversidade vegetal e estrutura da comunidade da área protegida de Wadi Gimal, Costa do Mar Vermelho do Egito. Jornal Africano de Ecologia, **50:** 266-276.

Garcia-Novo, F.; Diaz B.M.C.; Zunzunegui, M.; Garcia, M.R. e Gallego F.J.B. (2004): Tipos funcionais de plantas em habitats de dunas costeiras. Estudos Ecológicos, Vol. 171. 155-169. Em Martinez, M.L. Psuty N.P. (Eds.) Coastal Dunes, Ecology and Conservation. Springer-Verlag Berlin Heidelberg. 386 pp.

Gauch, H.G. (1982): Multivariate Analysis in Community Ecology. Cambridge: Cambridge University Press.

Gaudet, C.L. e Keddy, P.A. (1988): A comparative approach to predicting competitive ability from plant traits. Nature, **334:** 242243.

Gibson, D.J. (1988): Regeneração e flutuação da vegetação da pradaria de ervas altas em resposta à frequência do fogo. Boletim do Clube Botânico de Torrey, **115:**1-12.

Gitay, H. e Nobel, I.R. (1997): O que são tipos funcionais e como devemos procurá-los? In: Smith TM, Shugart, H.H. e Woodward, F.I. (1997): Plant functional types: their relevance to ecosystem properties and global change. Cambridge University Press, Cambridge, pp 3-19.

Goldberg, D.E. (1990): Componentes da competição por recursos em comunidades vegetais. Em: Grace, J.B., Tilman, D. (Eds.), Perspectives on Plant Competition. Academic Press, San Diego, pp. 27-49.

Goldberg, D.E. e Landa, K. (1991): Competitive effect and response: hierarchies and correlated traits in the early stages of competition. Journal of Ecology, **79:** 1013-1030.

Gomaa, N.H. (2012): Banco de sementes do solo em diferentes habitats do deserto oriental do Egito. Revista Saudita de Ciências Biológicas. (19): 211220.

Good R (1974): The Geography of the Flowering Plants. Quarta edição. Londres: Longman Group Limited.

Gouvas, M e Theodoropoulos, K. (2007): Forma de vida e espectros corológicos das unidades de vegetação do Monte Hymettus (C Grécia)**:** Journal of Biological Research-Thessaloniki, **8:** 177-187.

Greig-Smith, P. (1983): Quantitative Plant Ecology, 3ª ed. Blackwell Scientific Publications: Londres.

Grime, J.P. (1974): Classificação da vegetação por referência a estratégias. Nature, **250:** 26-31

Grime, J.P. (1977): Evidence for the existence of three primary strategies in plants and its relevance to ecological and evolutionary theory. The American Naturalist, **111:** 1169-1194.

Grime, J.P. (1979): Estratégias de plantas e processos de vegetação. Wiley, Londres.

Grime, J.P. (1993): Vegetation functional classification systems as approaches to predicting and quantifying global vegetation change. In: Solomon, A.M. e Shugart, H.H. (eds.), Vegetation Dynamics and Global Change. pp. 293-305. Chapman and Hall, Nova Iorque,

Grime, J.P.; Hodgson, J.G.; Hunt, R.; Thompson, K.; Hendry, G.A.F.; Campbell, B.D.; Jalili, A.; Hillier, H.; Diaz, S. e Burke, M.J.W. (1997): Functional types: testing the concept in northern England? In: Smith, T.M., Shugart, H.H., Woodward, F.I. (Eds.), Plant Functional Types: Their Relevance to Ecosystem Properties and Global Change. Cambridge University Press, Londres, pp. 122-152.

Grime, J.P; Hodgson, J.G. e Hunt, R. (1988): Comparative plant ecology. A functional approach to common British species. Chapman and Hall, Londres.

Haines, R.W. (1951): Potential annuals of the Egyptian desert. Bulletin de l'Institut Fouad I du Desert, **1:**103-118.

Hassan, A.A. (2003): Habitat e diversidade de espécies vegetais ao longo da costa do mar vermelho em Egito. Tese de Mestrado não publicada, Faculdade de Ciências, Universidade do Cairo, Egito.

Hassan, L.M. (1987): Estudos sobre a flora do Deserto Oriental, Egito. Tese de doutoramento não publicada, Faculdade de Ciências, Universidade do Cairo.

Hassib, M. (1951): Distribuição das comunidades vegetais no Egito. Bulletin de l'Institut du Desert d'Egypte, **29:** 60-261.

Heal, O.W. e Grime, J.P. (1991): Comparative analysis of ecosystems: Lições do passado e direcções futuras. In: J. Cole , G. L Ovett e S. Findlay (eds.), Comparative analysis of ecosystems: patterns, mechanism and theories, pp. 7-23. Springer-Verlag, Nova Iorque.

Hegazy, A; Al-Atar, A.A.; Lovett-Doust, J. e El-Adawy, H. (2012): Diferenciação espacial e temporal do nicho fenológico das plantas no ecossistema do deserto de Wadi Degla (Egito)**:** Ata Bot. Croat. 71 (2), 117.

Henderson, P.A. e Seaby R.M.H. (1999): Community Analysis Package (CAP) versão 1.2. Pisces Conservation Ltd. IRC House, Reino Unido.

Hesp, P.A. (1991): Processos ecológicos e adaptações de plantas em dunas costeiras. Journal of Arid Environment, **2:** 165-191.

Hill, M.O. (1973): Diversity and evenness: Uma notação unificadora e suas consequências. Ecology, 54: 427-432.

Hill, M.O. (1979): TWINSPAN. Um programa FORTRAN para organizar dados multivariados numa tabela ordenada de duas vias por classificação dos indivíduos e atributos. Ithaca, NY: Cornell University. 90 pp.

Hill, M.O. e Gauch, H.G. (1980): Análise de correspondência Detrended: uma técnica de ordenação melhorada. Vegetação, **42:** 47-58.

Hillel, D. e Tadmor, J. (1962): Regime hídrico e vegetação nas terras altas do Negev central de Israel. Ecologia, **43:** 33-41.

Hills, J.M.; Murphy, K. J.; Pulpord, I. D. e Flowers, T. H. (1994): Um método para classificar os ecossistemas das zonas húmidas europeias utilizando grupos funcionais de vegetação. Functional Ecology, **8:** 242-252.

Hodgson, J.G.; Grime, J.E; Hunt, R. e Thompson, K. (1995): A ecologia vegetal comparativa eletrónica. Chapman and Hall, Londres.

Hodgson, J.G.; Thompson, K.; Bogaard, A. e Wilson, P.J. (1998): Does bio-diversity determine ecosystem function? The Ecotron experiment reconsidered. Functional Ecology, **12:** 843-848.

Holt, R.D.; Robinson, G.R. e Gaines, M.S. (1995) : Dinâmica da vegetação numa paisagem experimentalmente fragmentada, Ecology, **76:** 1610-1624.

Hosni, H.A. e Hegazy, A.K. (1996): Contribuição para a flora de Asir, Arábia Saudita. Candollea, **51:** 169-202.

Huston, M. e Smith, T. (1987): Sucessão de plantas: história de vida e competição. American Naturalist, **130:** 168-198.

Huston, M.A. (1997): Hidden treatments in ecological experiments: reevaluating the ecosystem function of biodiversity. Oecologia **110:** 449-460.

Huston, M.A.; Aarssen, L.W.; Austin, M.P.; Cade, B.S.; Fridley, J.D.; Garnier, E.; Grime, J.P.; Hodgson, J.; Lauenroth, W.K.; Thompson, K.; Vandermeer, J.H. e Wardle, D.A. (2000): Nenhum efeito consistente da diversidade de plantas na produtividade. Science, 289: 1255.

Issawy, B.; Hassan, M.Y. e Osman, R.K. (1978): Estudos geológicos na área de Kom Ombo, Deserto Oriental, Egito. Annales Geol. Survey, Egito. **7:** 187-235.

Jackson, M.L. (1958): "Soil Chemical Analysis". Printice-Hall, Englewood Cliffs, Nova Iorque, pp. 498.

Jafari, M.; Zare Chahouki, M.A.; Tavili, A.; Azarnivand, H. e Zahedi Amiri, G.H. (2004): Factores ambientais eficazes na distribuição dos tipos de vegetação nas pastagens de Poshtkouh da província de Yazd (Irão), J. Arid. Environ., **56:** 627-641.

Kahmen, A.; Perner, J. e Buchmann, N. (2005): Produtividade dependente da diversidade em prados semi-naturais após perturbações climáticas. Functional Ecology, **19:** 594-601.

Kahmen, S.; Poschlod, P. e Schreiber, K.F. (2002): Conservation management of calcareous grasslands. Alterações na composição de espécies vegetais e resposta de caraterísticas funcionais durante 25 anos. Biological Conservation **104:** 319-328.

Kassas, M. (1953a): Habitats e comunidades vegetais nos desertos do Egito. I. Introdução. Jornal de Ecologia, **40**: 342-351.

Kassas, M. (1953b): Landform and plant cover in the Egyptian Deserts. Bulletin de la SocieHteH de GeHogaphie d'Egypte, **26:** 193-205.

Kassas, M. (1966): Vida vegetal nos desertos. In: Hills, E.S. (Ed.), Arid Lands, pp. 145-180. Londres: Mathuen/Paris: UNESCO.

Kassas, M. (1971): Die Pflanzenwelt. 2.Teil, Pflanzenleben in der ostlichen Sahara. In: Schiffers, H. (Ed.), Die Sahara und ihre Randgebiete. I. Physiogeographie. Afrika-Studien Nr. 60, pp. 477497. München: Weltforum-Verlag. 674 pp.

Kassas, M. e Batanouny, K.H. (1984): Ecologia vegetal. Sahara Desert (ed. por J.J. Cloudsley-Thompson), pp. 77- 90. Pergamon Press, Oxford.

Kassas, M. e El-Abyad, M.S. (1962): On the phytosociology of the desert vegetation of Egypt. Annals of Arid Zone, **1:** 55-83.

Kassas M e Girgis WA (1964): Habitats e comunidades vegetais nos desertos egípcios. O planalto calcário. Jornal de Ecologia, **52:** 107-119.

Kassas, M. e Girgis, W.A. (1965): Habitat e comunidades vegetais no deserto egípcio. VI. As unidades do ecossistema do deserto. Jornal de Ecologia, **53**: 719-729.

Kassas, M. e Girgis, W.A. (1970): Habitat e comunidades de plantas no deserto egípcio. VII: as unidades de um ecossistema desértico.J. Ecol., **58:** 335-350.

Kassas, M. e Girgis, W.A. (1972): Estudos sobre a ecologia do deserto oriental do Egito. A região entre lat. 27° 30' N e lat. 25° 30' N. *Bulletin de la Societe de geographie d'egypte*, **42**: 4272.

Kassas, M. e Imam, M. (1954): Habitat e comunidades vegetais no deserto egípcio, III.

O ecossistema do leito do wadi. Jornal de Ecologia, **42:** 424-441.

Kassas, M. e Imam, M. (1959): Habitat e comunidades vegetais no deserto egípcio. IV. O deserto de cascalho. J. Ecol., **47:** 289-310.

Kassas, M. e Zahran, M.A. (1962): Estudos sobre a ecologia das terras costeiras do Mar Vermelho. I. O distrito de Gebel Ataqa e El-Galala El- Bahariya. Bulletin Society Geographie d'Egypte **35**: 129-175.

Keddy, P.A. (1989): Competition. Chapman and Hall, Londres.

Keddy, P.A. (1992): Regras de montagem e de resposta: Dois objectivos para a ecologia preditiva de comunidades. Journal of Vegetation Science, **3:** 157-164.

Keddy, P.A. e Shipley, B. (1989): Hierarquias competitivas em comunidades de plantas herbáceas. Oikos, **54:** 234-241.

Keddy, P.A.; Fraser, L.H. e Wisheu, I.C. (1998): Uma abordagem comparativa para examinar a resposta competitiva de 48 espécies de plantas de zonas húmidas. Journal of Vegetation Science 9: 777-786.

Kessler, M. (2001): Patterns of diversity and range size of selected plant groups along an elevational transect in the Bolivian Andes. Biodivers. Conserv. 10: 1897-1921.

Khedr, A.A. (1999): Floristic composition and phytogeography in a Mediterranean deltaic lake (Lake Burollos), Egypt. Ecologia Mediterranea, **25(1):** 1-11.

Klimes, L. (2003): Life-forms and clonality of vascular plants along an altitudinal gradient in E Ladakh (NW Himalayas)**:** Basic Applied Ecology, **4:** 317-328

Kolb, A. e Diekmann, M. (2005): Effects of life-history traits on responses of plant species to forest fragmentation. Conservation Biology, **19:** 929-938.

Korner, C. (1993): Scaling from species to vegetation: the usefulness of functional group. in: Schulze E.D., Mooney H.A. (Eds.), Biodiversity and ecosystem function, Ecological Studies, vol. 99. Springer Verlag, Berlim, Heidelberg e Nova Iorque, pp. 117-140.

Lavorel, S. e Garnier, E. (2002): Predicting changes in community composition and ecosystem functioning from plant traits: revisiting the Holy Grail. Functional Ecology, **16:** 545-556.

Lavorel, S.: McIntyre, S.: Landsberg, J. e Forbes, T.D.A. (1997): Classificações funcionais de plantas: de grupos gerais a grupos específicos baseados na resposta a perturbações. Tree, **12:** 474-478.

Lavorel, S.; Touzard, B.; Lebreton, J.D. e Clément B. (1993): Identificação de grupos funcionais de resposta a perturbações numa pastagem abandonada, Ata Oecologica, **19:** 227-240.

Le Houerou, H.N. (1986): O deserto e as zonas áridas do Norte de África. Pp 101-147. Em Evenari, M.; Noy-Meir, I. e Goodall, D.W. editores. Hot deserts and arid shrublands, B. Ecosystems of the world 12B. Amesterdão, Elsevier.

Leishman, M.R. e Westoby, M. (1992): Classifying plants into groups on the basis of individual traits - evidence from Australian semi-arid woodlands. Journal of Ecology, **80:** 417-424.

Loreau, M. (2000): Biodiversidade e funcionamento dos ecossistemas: desenvolvimentos teóricos recentes. Oikos, **91:** 3-17.

Ludwig, J.A. e Reynold, J.F. (1988): Statistical Ecology. Wiley: Nova Iorque.

Lyon, J. e Sagers. C.L. (2002): Análise de correspondência de grupos funcionais numa paisagem ribeirinha.Plant Ecology, **164:** 171-183.

Mabbutt, J.A. (1977): Desert Landforms. MIT Press, Cambridge, MA.

Magurran, A.E. (2003): Measuring Biological Diversity. Wiley- Blackwell, Londres, 260pp.

McGinnies, W.G. (1968): Vegetação de ambientes desérticos, pp. 381566: In Deserts of the World. (Eds.), McGinnies, W.G.; Goldman, B.J. e Paylore, P. University of Arizona Press, Tuscan.

McIntyre, S.; Lavorel, S. e Tremont, R.M. (1995): Atributos da história de vida das plantas: sua relação com a resposta a distúrbios na vegetação herbácea. Journal of Ecology, **83:** 31-44.

McIntyre, S.; Lavorel, S.; Landsberg, J. e Forbes, T.D.A. (1999): Resposta a perturbações na vegetação - para uma perspetiva global sobre caraterísticas funcionais. Jornal de Ciência da Vegetação **10:** 621-630

Médail, F. (1996): Structuration de la biodiversite de peuplements vtgetaux mediterraneens en situation d'isolement, tese de doutoramento, Universidade de Aix-Marseille III, Marselha, 290 p.

Médail, F.; Roche, P. e Tatoni, T. (1998): Grupos funcionais em fitoecologia: uma aplicação ao estudo de comunidades vegetais isoladas na França mediterrânica. Ata Oecologica 19 (3): 263-274.

Migahid, A.M. e Abdel-Rahman, A.A. (1953): Estudos sobre a economia de água de plantas do deserto egípcio.III. Observações sobre a resistência à seca das plantas do deserto.-Bull.Instit.Désertd'Egypte, **3(1):** 58-83.

Monod, T.H. (1954): Mode contractéet diffuse de la vegetation Saharienne. In: Cloudsley-Thompson, J.L. (ed.), **Biology of Desert**, pp. 35-44. Instituto de Biologia, Londres.

Moustafa, A.A. (1990): Environmental gradients and species distribution on Sinai Mountains. Tese de doutoramento não publicada, Departamento de Botânica. Faculdade de Ciências, Universidade do Canal do Suez, Egito, 115 pp.

Moustafa, A.A. e Klopatek, J.M. (1995): Vegetação e formas de relevo da área de Santa Catarina, sul do Sinai, Egito. Journal of Arid Environment, **30**: 385-395.

Moustafa, A.A., Zaghloul, M.S. (1996): Ambiente e vegetação na região montanhosa de Santa Catarina, sul do Sinai, Egito. Journal of Arid Environment, **34**: 331-349.

Navarro, T.; Alados, C.L. e Cabezudo, B. (2006): Mudanças nos tipos funcionais de plantas em resposta ao pastoreio de cabras e ovelhas em dois arbustos semi-áridos do sudeste da Espanha. Journal of Arid Environments **64:** 298-322.

Navas, M. e Moreau-Richard, J. (2005): Can traits predict the competitive response of herbaceous Mediterranean species? Ata Oecologica, **27:** 107-114.

Naveh, H. e Whittaker, R. H. (1979): Structural and floristic diversity of shrublands and woodlands in northern Israel and other Mediterranean areas. Vegetatio, **41:** 171-190.

Nobel, S.P. e Franco, C.A. (1989): Efeito das plantas nutrizes no microhabitat e no crescimento dos cactos. J. Ecol. 77, 870-886.

Nobel, I.R. e Gitay, H. (1996): Uma classificação funcional para prever a dinâmica das paisagens. Journal of Vegetation Science, **7:** 329-336.

Nobel, I.R. e Slatyer, R.O. (1980): O uso de atributos vitais para prever mudanças sucessionais em comunidades de plantas sujeitas a distúrbios recorrentes. Vegetatio, **43:** 5-21.

Noy-Meir, I. (1974): Ecossistemas do deserto: níveis tróficos superiores. Revisão Anual de Ecologia, Evolução e Sistemática, **5:** 195-214

Noy-Meir, I.; Gutman, M. e Kaplan, Y. (1989): Respostas das plantas das pastagens mediterrânicas ao pastoreio e à proteção. Journal of Ecology, **77:** 299-310.

0kland, R. H. (1996): A ordenação e a ordenação restrita são estratégias alternativas ou complementares em estudos ecológicos gerais? Journal of Vegetation Science, 7: 289-292.

Olsvig-Whittaker, L.; Shachak, M. e Yair, A. (1983): Padrões de vegetação relacionados a fatores ambientais em uma bacia hidrográfica do deserto de Negev. Vegetatio, **54:** 153-165.

Orlóci, L. (1978): Multivariate Analysis in Vegetation Research, 2nd edn. W. Junk b.v. Publishers, Haia, Boston.

Ozenda, P. (1991): Flore du Sahara. Paris: CNRS. pp 662.

Parker, K. (1991): Topografia, substrato e padrões de vegetação no norte do deserto de Sonora. - J. Biogeogr. 18: 151-163.

Pielou, E.C. (1975): Ecological Diversity. Nova Iorque: Wiley. 165 pp.

Poorter, H. e Garnier, E. (1999): Ecological significance of inherent variation in relative growth rate and its components. In: Pugnaire, F.I., Valladares, F. (Eds.), Handbook of Functional Plant Ecology. Marcel Dekker Inc, Nova Iorque, pp. 81-103.

Prentice, I.C.; Cramer, W.; Harrison, S.P.; Leemans, R.; Monserud, R.A. e Solomon, A.M. (1992): Um modelo de bioma global baseado na fisiologia e dominância das plantas, propriedades do solo e clima. Journal of Biogeography, **19:** 117-134.

Pugnaire, F.I.; Haase, P.; Puigdefabregas, J.; Cueto, M.; Clark, S.C. e Incoll, L.D.

(1996a): Facilitação e sucessão sob a copa de um arbusto leguminoso, *Retama sphaerocarpa*, num ambiente semi-árido no sudeste de Espanha. Oikos. **76:** 455-464.

Pugnaire, F.I.; Puigdefabregas, J. e Haase, P. (1996b): Facilitação entre espécies de plantas superiores num ambiente semiárido. Ecology, **77:** 1420-1426.

Quézel, P. (1978): Analysis of the flora of Mediterranean and Saharan Africa, Annals of the Missouri Botanical Garden **65:** 479-534.

Reynolds, H.L. (1999): Interações entre plantas: competição. In: Pugnaire, F.I., Valladares, F. (Eds.), Handbook of Functional Plant Ecology. Marcel Dekker, Nova Iorque, pp. 649-676.

Richards, L.A. (1954): Diagnosis and Improvement of Saline and Alkali Soils (Diagnóstico e Melhoramento de Solos Salinos e Alcalinos). U.S. Dep. Agr. Handbook No. 60.

Rikli, M. (1943): Das Phlanzenkleid der Mittelmeerlander. Banda 1. Verlag-Huber, Berlim.

Robinson, G.R.; Holt, R.D.; Gaines M.S., Hamburg, S.P.; Johnson M.L. e Fitch H.S. (1992): Martinko E.A., Diverse and contrasting effects of habitat fragmentation. Science, **257:** 524526.

Root R., (1967): The niche exploitation pattern of the blue-grey gnatcatcher, Ecological Monographs, **37:** 317-350.

Roux, A.L.; Amoros, C.; Richardot-Coulet, M.; Reygrobellet, J.L.; Pautou, G. e Bravard, J.P. (1982): Cartographie PolytheHmatique AppliqueHea' la Gestion ED cologique des Eaux. Paris: CNRS.

Ryan, P. J.; McKenzie, N. J.; Loughhead, A. e Ashton, L. J. (1996): New methods for forest soil surveys. In: Eldridge, K.G. _Ed., Gestão Ambiental: The Role of Eucalypts and Other Fast Growing Species. Proceedings of the Joint Australian-Japanese Workshop Held in Australia, 23rd-27th October. CSIRO Division of Forestry and Forest Products. CSIRO Publishing, Melbourne.

Said, R. (1962): The geology of Egypt. Elsevier, Amesterdão, pp 377.

Sala, O. F. (1988): O efeito da herbivoria na estrutura da vegetação. In Forma das plantas e estrutura da vegetação (Werger, M. J. A. eds): SPB Academic Publishing. pp. 317-330.

Salama, F.M. e El-Naggar, S.M. (1991): Phytosociology of wadi system west of Qusseir province. Feddes Repertorium, **102**: 453468.

Salama, F.M. e Fayed, A.A. (1989): Phytosociological studies along the Idfu-Marsa Alam road. Feddes Repertorium, **100:** 191-195.

Salama, F.M. e Fayed, A.A. (1990): Estudo fitossociológico da parte deltaica e do canal principal do wadi Qena, Egito. Feddes Repertorium, **101:** 89-95.

Salama, F.M.; Abd El-Ghani, M. e El-Tayeh, N. (2013): Relações de vegetação e solo no ecossistema de wadi interior do deserto oriental central, Egito. Jornal Turco de Botânica, **37:** 489-498.

Salama, F.M.; Abd El-Ghani, M.M.; El-Naggar, S.M. e Baayo, Khadija (2005): Estrutura da vegetação e gradientes ambientais na área de Sallum, Mediterrâneo Ocidental, Egito. Ecologia Mediterranea, **31(1):** 15-32.

Salama, F.M; Ahmed, M.K; El-Tayeh N.A. e Hammad, S.A. (2012): Análise da vegetação, padrões fenológicos e afinidades corológicas em Wadi Qena, Deserto Oriental, Egito. Jornal Africano de Ecologia, **50:** 193-204.

Sayed, S.A.; Gadallah, M.A.A. e Salama, F.M. (2013): Estudos ecofisiológicos em três plantas do deserto que crescem em Wadi Natash , Deserto Oriental, Egito. Jornal de Ciências Biológicas da Terra, **3(1):** 135-143.

Schlichting, C.D. (1986): A evolução da plasticidade fenotípica em plantas. Revisão Anual de Ecologia e Sistemática, **17:** 667- 693.

Schulze, E. D. e Mooney, H.A. (1993): Biodiversity and ecosystem function, Ecological Studies, vol. 99, Springer Verlag, Berlin, Heidelberg and New York, 525 p.

Schwartz, M.W.; Brigham, C.A.; Hoeksema, J.D.; Lyons, K.G. ; Mills, M.H. e van Mantgem, P.J. (2000): Linking biodiversity to ecosystem function: implications for conservation ecology. Oecologia, **122:** 297-305

Schwarzenbach, G. e Biedermann, W. (1948): Komplexonex. Erdalkalikomplexe van, 0-6- Doxyazoforbstoffen He\v. Chem. Ata, **31:** 678-687.

Schweinfurth, G. (1901): A flora do deserto que rodeia Helwan, In May, W.P. (Ed.), Helwan and the Egyptian desert. Londres.

Semenova, G.V. e van der Maarel, E. (2000): Plant functional types-a strategic perspective. Journal of Vegetation Science, 11:917-922.

Shaheen, A.M. (2002): Diversidade de ervas daninhas em terras recentemente cultivadas na fronteira sul do Egito (margens oriental e ocidental do Lago Nasser): Pakistan Journal of Biological Sciences, **5(7):** 602-608.

Shaltout, K.H.; Al-Sodany, Y.M.; Sheded, M.G. e El-Kadi, H.F. (2004): Análise da vegetação da terra costeira do Mar Vermelho egípcio. Taekholm, **24:** 1-20.

Shaltout, K.H.; El-Halawany, E.F. e El-Garawany, M.M. (1997): Coastal lowland vegetation of eastern Saudi Arabia. Biodiversity and Conservation, **6**: 1027-1070.

Sharaf El-Din, A. e Shaltout, K.H. (1985): On the phytosociology of Wadi Araba in the Eastern Desert of Egypt. Actas da Sociedade Botânica Egípcia, **4:** 1311-1325.

Sheded, M.G.; Radwan, U.A.; Taher, M.A. e Springuel, I. (2011): Heterogeneidade espacial na vegetação hiper-árida do Deserto do Sudoeste, Egito. Feddes Repertorium, **122(5-6):** 351-366.

Shmida, A. (1985): Biogeografia da flora do deserto. In: M. Evenari, I. Noy-Meir e D.W. Goodall (eds.), Ecosystems of the world 12 B: Hot deserts and arid shrublands, pp. 149-202. Elsevier, Amesterdão.

Shreve, F. (1951): Vegetation of the Sonoran Desert (Vegetação do Deserto de Sonora). Washington, DC: Carnegie Institution of Washington.

Shupe, S.M. e Marsh, S.E. (2004): Classificações de vegetação baseadas na cobertura e na densidade do deserto de Sonora utilizando imagens Landsat TM e ERS-1 SAR. Remote Sensing of Environment, **93(1):** 131-149.

Silvertown, J. (2004): Coexistência de plantas e o nicho. Tendências em Ecologia e Evolução, **19:** 605-611.

Skarpe, C. (1996): Tipos funcionais de plantas e clima numa savana da África Austral. Journal of Vegetation Science, **7:** 397-404.

Smith, T. e Huston, M. (1989): Uma teoria da dinâmica espacial e temporal das comunidades vegetais. Vegetatio **83:** 49-69.

Smith, T.M.; Shugart, H.H. e Woodward, E.l. (1997): Plant functional types: their relevance to ecosystem properties and global change, Cambridge University Press, Cambridge, 350 p.

Smith, T.M.; Shugart, H.H.; Woodward, E.I. e Burton P.J. (1993): Tipos funcionais de plantas. In: Solomon SM, Shugart H.H. (eds) Vegetation dynamics and global change. Chapman and Hall, Nova Iorque, pp 272-292.

Sokal, R.R. e Rohlf, F.J. (1981): Biometry. Freeman, São Francisco, EUA.

Solbrig, O.T. (1993): Traços de plantas e estratégias adaptativas: seu papel na função do ecossistema, em: Schulze E.D., Mooney H.A. (Eds.):

Biodiversity and ecosystem function, Ecological Studies. vol. 99. Springer Verlag, Berlim, Heidelberg e Nova Iorque. pp. 97-116.

Springuel, I.; El-Hadidi, M.N. e Sheded, M.G. (1991): Comunidades vegetais na parte sul do Deserto Oriental (Deserto da Arábia) do Egito. Journal of Arid Environment, **21:** 307-317.

Springueli, Makkia. M. e Soghir, M. (1986): Vegetação das partes a montante dos wadis no Deserto Oriental do Sul, Egito. Boletim de Ciência e Tecnologia de Aswan, **7:** 98-119.

Springuel, I.; Sheded, M.G. e Murphy, K.J. (1997): The plant biodiversity of the Wadi Allaqi Biosphere Reserve (Egypt): impact of Lake Nasser on a desert wadi ecosystem. Biodiversity and Conservation, **6:** 1259-1275.

Springuel, I.; Sheded, M.G., Darius, F. e Bornkamm, R. (2006): Dinâmica da vegetação num wadi extremo do deserto sob a influência da precipitação episódica. Estudos Botânicos Polacos, **22:** 495-472.

SPSS, (1999): SPSS Interactive Graphics 16.0, um sistema abrangente para análise de dados. SPSS Incorporation, Chicago, IL.

Stahr, K.; Bornkamm, R.; Gauer, A. e Kehl, H. (1985): Veranderung von Boden und Vegetation am Übergang von Halbwüste zur Vollwüste zwischen Mittelmeer und Quattare Depression in Agypten. Geookodynamik, 6: 99-120.

Steffen, W.L.; Cramer, W.; Plochl, M. e Bugmann, H. (1996): Modelos globais de vegetação: incorporando mudanças transitórias na estrutura e composição. Journal of Vegetation Science, **7:** 321 - 328.

Suding, K.N. e Goldberg, D. (2001): As perturbações alteram as hierarquias competitivas? Mechanisms of change following gap creation. Ecology, **82:** 2133-2149.

Suding, K.N.; Goldberg, D.E. e Hartman, K.M. (2003): Relationships among species traits: separating levels of response and identifying linkages to abundance. Ecology, **84:** 1-16.

Tackholm, V. (1974): Student's Flora of Egypt, 2.ª ed. Cairo University Press, Cairo, Egito. pp 888.

Ter Braak, C.J.F. (1986): Canonical correspondence analysis: a new eigenvector technique for multivariate direct gradient analysis. Ecology, **67:** 1167-1179.

Ter Braak, C.J.F. (1987a): Ordenação. Em Jongman R.H.G., ter Braak C.J.F. e van Tongeren O.F.R. (eds.) Analysis in community and landscape ecology: 91-173. PUDOC, Waginengin, Países Baixos.

Ter Braak, C.J.F. (1987b): CANOCO. A FORTRAN program or canonical community ordination by [partial] [detrended] [canonical] correspondence analysis, principal components analysis and redundancy analysis, Version 2.1. Wageningen: Grupo de Matemática Agrícola. 95 pp.

Ter Braak, C.J.F. (1990): Notas de atualização: CANOCO versão 3.1. Wageningen, Grupo de Matemática Agrícola.

Ter Braak, C.J.F. (1994): Canonical community ordination Part I: basic theory and linear methods. Ecoscience, **1:** 127-140.

Ter Braak, C.J.F. (2003): CANOCO, versão 4.52. Universidade e Centro de Investigação de Wageningen, Wageningen, Países Baixos.

Ter Braak, C.J.F. e Prentice, I.C. (1988): Uma teoria de análise de gradiente. Advances in Ecological Research, **18:** 271-317.

Ter Braak, C.J.F. e Smilauer. P. (1998): CANOCO Reference Manual and User's Guide to Canoco for Windows: Software for Canonical Community Ordination (versão

4): Microcomputer Power (Ithaca, NY USA) 352 pp.

Thompson, J.D. (2001): Como é que os padrões de visitação variam entre os polinizadores em relação à exposição floral e ao desenho floral num sistema de polinização generalista? Oecologia, **126:** 386-394.

Thompson, K; Hillier, S.H.; Grime, J.P.; Bossard, C.C. e Band, S.R. (1996): Uma análise funcional de uma comunidade de pradarias de calcário. Journal of Vegetation Science, **7:** 371-380.

Tielborger, K. (1997): A vegetação das dunas lineares do deserto no noroeste do Negev, Israel. Flora, **192:** 261-278.

Tilman, G.D. (1982): Resource Competition and Community Structure. Princeton University Press, Princeton, New Jersey.

Tilman, G.D. (1985): Plant Strategies and the Dynamics and Structure of Plant Communities. Princeton University Press, Princeton, New Jersey.

Tilman, G.D. (1996): Biodiversidade: estabilidade da população versus estabilidade do ecossistema. Ecology, **77:** 350-363.

Tilman, G.D. (1999): As consequências ecológicas das mudanças na biodiversidade: uma busca de princípios gerais. Ecology, **80:** 14551474.

Tilman, G.D. (2001): Functional diversity. Em Encyclopedia of Biodiversity (Vol. 3) (Levin, S.A., ed.), pp. 109-120, Academic Press.

Tilman, G.D.; Knops, J.; Wedin, D.; Reich, P.; Ritchie, M. e Siemann, E. (1997): A influência da diversidade e composição funcional nos processos ecossistémicos. Science, **277:** 1300-1302.

Trubat, R.; Cortina, J. e Vilagrosa, A. (2006): A morfologia da planta e a hidráulica da raiz são alteradas pela deficiência de nutrientes em *Pistacia lenticus* L. Árvores, **20:** 334-339.

Tsuyuzaki, S. e Moral, D.R., (1995): Species attributes in early primary succession on volcanoes, Journal of Vegetation Science, **6:** 517-522.

Violle, C.; Navas, M.L. e Vile, D. (2007): Que o conceito de traço seja funcional! Oikos, **116:** 882-892.

Vitt, P.; Havens, K.; Kendall, B.E. e Knight, T.M. (2009): Efeitos da gestão de pastagens ao nível da comunidade sobre a planta anual rara não visada *Afalinis auriculata*. Biol. Conserv., **142:** 798-805.

Walker, B.H. (1992): Biodiversity and ecological redundancy, Conservation Biology, **6:** 18-23.

Walkley, A. e Black, I.A. (1934): An examination of the Degtjareff method for determining organic carbon in soils: Efeito das variações nas condições de digestão e dos constituintes inorgânicos do solo. Soil Science, **63:** 251-263.

Ward, D.; Olsvig-Whittaker, L. e Lawes, M. (1993): Relações vegetação-ambiente num circo de erosão do deserto do Negev. Journal of Vegetation Science, **4:** 83-94.

Weigelt, A.; Steinlein, T. e Beyschlag, W. (2002): A intensidade da competição entre plantas depende mais da biomassa ou da identidade das espécies? Basic and Applied. Ecology, **3:** 85-94.

Weiher, E.; van der Werf, A.; Thompson, K.; Roderick, M.; Garnier, E. e Eriksson, O. (1999): Challenging Theophrastus: a common core list of plant traits for functional ecology. Journal of Vegetation Science, **10:** 609-620.

Westoby, M. (1998): A leaf-height-seed (LHS) plant ecology strategy scheme. Plant Soil, **199:** 213-227.

Westoby, M. e Wright, I.J. (2006): Land-plant ecology on the basis of functional traits. Tendências em Ecologia e Evolução, **21:** 261-268.

White, F. (1993): Long distance dispersal and the origins of the afromontane flora. Sonderb. Naturwiss. Vereins Hamburg, **7:** 87116.

White, F. e Léonard, J. (1991): Ligações fitogeográficas entre África e o sudoeste da Ásia. Flora e Vegetação Mundi, **9:** 229246.

Whittaker, R.H. (1972): Evolução e medição da diversidade de espécies. Taxon, **21:** 213-251.

Wickens, G.E. (1976): The flora of Jebel Morra (Sudan Republic) and its geographical affinities. Kew Bulletin Additional Series V. Londres: HMSO.

Wickens, G.E., (1977a): Some of the Phytogeographical Problems Associated with

Egypt, Vol. 7 e 8, pp: 223-30. Publicação da Universidade do Cairo.

Wickens, G.E., (1977b): The Flora of Jebel Marra (Sudan Republic) and its geographical affinities. Kew Bull. Add. Ser., **5:** 1-231

Williams, C.H. e Twine, M.E. (1960): Método fotométrico de chama para sódio, potássio e cálcio. In: Modern Methods of Plant Analysis (Paech, K. e Tracey, M.V., eds.) Vol. 5 pp. 535. Springer-Verlag, Berlim.

Wilson, S.D., 1994. Tamanho inicial e respostas competitivas de duas gramíneas a dois níveis de azoto no solo: uma experiência de campo. Can. J. Bot. 72, 1349-1354.

Wojterski, T.W. (1985): Guide de L'Excursion Internationale de Phytosociologie Algerie Nord, 274 pp. Goltze, Gottingen.

Wood, Y.A. Graham, R.C. e Wells S.G. (2005): Controlo de superfície do processo pedológico do pavimento do deserto e função da paisagem, campo vulcânico de Cima, deserto do Mojave, Califórnia. Catena, 59: 205 - 230

Woodward, F.I. e Cramer, W. (1996): Tipos funcionais de plantas e mudanças climáticas - Introdução. Journal of Vegetation Science, **7(3):** 306-308.

Xu, H e Li, Y. (2006): Estratégia de uso da água de três arbustos do deserto da Ásia Central e suas respostas a eventos de pulso de chuva. Plant Soil, **285(12):** 5-17.

Xu, L.; Liu, H.; Chu, X. e Su, K. (2006): Padrões de vegetação do deserto no sopé norte das montanhas Tianshan: O papel das condições do solo. Flora-Morfologia, Distribuição, Ecologia Funcional de plantas, **201(1):** 44-50.

Yair, A. e Danin, A. (1980): Variação espacial relacionada com o regime de humidade do solo numa encosta árida de calcário, no norte do Negev, Israel. Oecologia, **47:** 83-88.

Zahran, M.A. (1989): Princípios de Ecologia Vegetal e Flora do Egito. Imprensa Elwafa.

Zahran, M.A. e Willis, A.J. (2009): The Vegetation of Egypt. Londres. Volume 2: Plant and Vegetation. Springer Science and Business Media B.V.

Zahran, M.A., El-Demerdash, M.A. e Mashali, I.A. (1985): Sobre a ecologia da costa deltaica do Mar Mediterrâneo, Egito. I. Inquérito geral. Proc. Egito. Bot. Soc. Ismailia

Conf., 4, 13921407.

Zahran, M.A., EL-Demerdash, M.A. e Mashaly, I.A. (1990): Tipos de vegetação da costa mediterrânica deltaica do Egito e seu ambiente. Journal of Vegetation Science, **1:** 301-310.

Zeng, F.; Bleby, T.M.; Landman, P.A.; Adams, M.A. e Arndt, S.K. (2005): A dinâmica da água e dos nutrientes nas raízes superficiais e nos solos não é modificada pela inundação de curto prazo de plantas freatófitas num deserto hiperárido. Plant Soil, **279:** 129-139.

Zhang, J.T. (2003): Applied Ecology. Science Press: Beijing. (em chinês).

Zhang, J.T. (2005): Análise da sucessão de comunidades vegetais em terras de cultivo abandonadas no Planalto de Loess Oriental da China. J. Arid Environ, **63(2):** 458-474.

Zhang, T. e Zhang, F. (2007): Diversidade e composição de grupos funcionais de plantas em florestas de montanha da Reserva Natural de Lishan, Norte da China. Botanical Studies, **48:** 339-348.

Zohary, M. (1962): Plant life of Palestine, Israel and Jordan. Nova Iorque: Ronald Press. 262 pp.

Zohary, M. (1973): Geobotanical Foundation of the Middle East. Volumes 1-2. Gustav Fischer Vertlag. Estugarda. pp 739.

Abreviaturas

asl	Above sea level	**O**	Occasional
Ann.	Annual	**Occ**	Occurrence
ANOVA	Analysis of Variance	**OM**	Organic matter
ASTU	Assiut University Herbarium	**P%**	Presence value
C	Common	**PAN**	Pantropical
CAI	Cairo University Herbarium	**PAL**	Paleotropical
CAP	Community Analysis Package	**PFG**	Plant functional
CCA	Canonical correspondence	**Per.**	Perennial
Choro	Chorology	**S**	Sporadic
COSM	Cosmopolitan	**SA**	Saharo-Arabian
CS	Coarse sand	**SD**	Standard
D	Dominant	**SR**	Species richness
DCA	Detrended Correspondence	**St**	Stand
Dur.	Duration	**Su**	Sudanian
EC	Electrical conductivity	**SZ**	Sudano-
ES	Euro-Siberian	**T1**	Qena-Safaga
FGs	Functional groups	**T2**	Idfu-Marsa Alam
FS	Fine sand	**T3**	Aswan-Kharit-
GC	Gueno-Cungo	**T4**	Red Sea coast
GPS	Global Positioning System	**TSS**	Total soluble salts
H'	Shannon-Wiener index	**VC**	Very common
IT	Irano-Turanian	**WC**	Water content
M	Mediterranean		